主编 徐春燕

# 阿拉吃茶去

这是一本为青少年量身定
制的普及茶文化的课外读物。

浙江工商大学出版社
ZHEJIANG GONGSHANG UNIVERSITY PRESS

·杭州·

图书在版编目（CIP）数据

阿拉吃茶去 / 徐春燕主编 . — 杭州：浙江工商大学出版社，2021.2

ISBN 978-7-5178-4317-7

Ⅰ . ①阿… Ⅱ . ①徐… Ⅲ . ①茶文化—中国—青少年读物 Ⅳ . ① TS971.21-49

中国版本图书馆 CIP 数据核字 (2021) 第 025379 号

阿拉吃茶去

A LA CHICHA QU

徐春燕 主编

责任编辑　厉　勇
封面设计　林朦朦
责任印制　包建辉
出版发行　浙江工商大学出版社
　　　　　（杭州市教工路 198 号 邮政编码 310012）
　　　　　（E-mail：zjgsupress@163.com）
　　　　　（网址：http：//www.zjgsupress.com）
　　　　　电话：0571-88904980，88831806（传真）
排　　版　林朦朦
印　　刷　浙江全能工艺美术印刷有限公司
开　　本　787mm×1092mm　　1/16
印　　张　15.5
字　　数　295 千
版 印 次　2021 年 2 月第 1 版　2021 年 2 月第 1 次印刷
书　　号　ISBN 978-7-5178-4317-7
定　　价　58 .00 元

# 《阿拉吃茶去》

主　编　徐春燕

副主编　楼　帆　俞东晓　赵碧君

# 让青少年在茶的伴随下健康成长（代序）

"且将新火试新茶""诗酒趁年华"。又是一年春好处，阳春时节万物复苏，新叶萌发。茶文化的土壤上又长出一个新芽。

很高兴受徐春燕老师的委托，要我为《阿拉吃茶去》这本书作序。一看到这个书名，眼前一亮，活脱脱的海派特色，很新颖，很俏皮，也充满了宁波的味道，我很喜欢。

从事茶研究和教育几十年，我们普及的群体已经从中年人、老年人扩大到青少年了。这本书是为青少年量身定做的课外读物，定位清晰，目标明确，是为未来谋，要为中国茶的未来和青少年的未来成长助力。所以，要求书的思想性、科学性、知识性、实践性、趣味性都要高，难度真不小，可喜的是，本书编委做到了！

《阿拉吃茶去》以中国传统茶文化为基，以现代茶科技为魂，以中国六大茶类为架，将孩子们带入神奇的茶世界，并将这个具有悠久历史和深远中华文化基因的茶元素深深融入他们的日常生活，滋养他们一生的文化性灵。出身茶香世家的林语堂先生，更是从青少年时期就开始爱茶，好茶，一生与茶为伴，视其为生活的乐趣和人生意义的寄托之一。无独有偶，著名的艺术教育家和散文家丰子恺先生，对中国近现代历史的美育工作做出了极大的贡献，他也提倡饮茶，并且一生以茶为友，并在创作中不经意间流露出茶的闲适与趣味。试想在这个柳絮飘飞、鲜花盛开的春季，在草庐前闲坐，四口之家，沏一杯新茶，享受天伦之乐，也是人生的一大快事。

毋庸置疑，茶是中国对人类、对世界文明所做的重要贡献之一。茶作为一种世界性饮料，维系着中国人民和世界各国人民的深厚情感。

我欣慰地看到本书的编委团队秉承着美育化人的精神追求，希望通过《阿拉吃茶去》一书普及相关茶知识，让青少年了解中国茶的前世今生以及世界地位。当今中国茶业在世界上影响巨大，中国的茶园面积、茶叶产量、茶叶消费量均占世界第一，中国茶出口量占世界第二，出口金额排名世界第一。通过学习《阿拉吃茶去》一书及相关茶知识，青少年将了解到中国茶正迎来最美好的黄金时代。

茶和茶文化日益成为经济产业、民生产业、生态产业、文化产业和富民惠民产业，是国家的重要国计民生，并与精准扶贫、乡村振兴、健康中国、一带一路、供给侧结构性改革、高质量发展等党和国家的重大发展战略高度融合，成为人民日益增长的美好生活需要的重要内容。中国茶正迎来了最美好的时代。茶是最典型的中国文化符号，所以让年轻一代了解中国茶的故事和来源，也是我们非常急切的美育任务。

　　除了本书所提及的茶知识、茶典故、茶历史外，让中国茶德精神滋养青少年成长也是一大亮点。唐代茶圣陆羽在《茶经·一之源》中写道："茶之为用，味至寒，为饮最宜精行俭德之人。"当代茶学大家庄晚芳先生将中国茶道思想归纳为"廉、美、和、敬"，将其作为中国茶德的精髓，并解释为"廉俭育德、美真廉乐、合诚处事、敬爱为人"。茶德精神与我国传统文化的核心精神及价值观高度吻合，正是我们茶学教育者所推崇的精神核心。而今天的青少年在成长过程中能接受我国不同形态物质文明的滋养，更是非常幸福和幸运的。

　　对于爱茶人而言，饮茶可以舒缓身心、净化心灵，促进家庭幸福、社会和谐。"盛世喝茶，乱世饮酒"，对于一个以茶为傲的国家而言，饮茶对于维系社会稳定、民族团结起着积极作用。茶作为泱泱中华文明的绿色使者，通过"丝绸之路"和"海上丝绸之路"，伴随着丝绸、瓷器等物品被运往世界各个角落，联系着五大洲人民的情感友谊，也彰显着东方文明的优雅魅力。所以，我呼吁我亲爱的青少年朋友，请你打开这本可爱的、有趣的书，从"柴米油盐酱醋茶"的生活茶和"琴棋书画诗酒茶"的精神茶中走进中国茶的前世今生吧。你会发现茶不仅是一种饮料，更是一种神秘而美丽的物质文明，也是传统和现代中国所珍视的洁净精微、清新雅正的精神象征。它能伴随你成为一种潜移默化的修养，赋予你的人生一种更新的人格力量。我相信，茶随着时代的发展被赋予了丰富的物质文明特性与精神文明特性，在当今社会与人们生活的关系越发密切，越来越成为人民美好生活的刚需。

　　让青少年在茶、茶文化、茶精神的滋养下健康成长！

浙江大学茶学教授　王岳飞

2020 年 7 月

# 前　言

　　中华茶文化源远流长，虽历经千年却日久弥新。茶艺，承载着茶道的思想与精神，是中华茶文化的外在表现形式。青少年是祖国的未来，是中华传统茶文化最好的接班人。少儿茶艺作为茶文化活动的一个重要组成部分和素质教育的重要载体，日益受到教育部门的重视和社会的广泛关注。

　　少儿茶艺是一种融礼仪与茶道为一体的艺术活动，它能使孩子们在高雅有趣的茶艺活动中接受中国传统文化的熏陶，将孝、悌、礼、敬的文化融入习茶的活动中，春风化雨般地将正确的价值观植入他们纯净的心灵，从而加深他们对中国传统文化的认知。

　　中国人开门七件事：柴米油盐酱醋茶。在古代，喝茶被称为"吃茶"。国学大师赵朴初先生有诗云："空持百千偈，不如吃茶去。"《阿拉吃茶去》书名形象地鼓励青少年多喝茶、勤习茶。本书在中华茶文化的深厚基础上，从青少年儿童的茶文化素养和茶艺艺术认知培育与训练入手，以最基础的六大茶类为主要框架，聚焦于茶文化基础知识、茶艺基础技能和茶艺礼仪的传授，其内容不仅涵盖六大茶类基础知识和茶艺技能，还包括每大类茶叶分类、制作工艺和代表该茶类基本行茶茶器选择以及茶艺流程，同时拓展性地融入了茶诗文、故事、名画和音

乐欣赏等茶文化知识，以及日常生活中喜闻乐见的诸如茶食、茶会策划和茶叶储藏等知识。

本书打破传统教材的局限，具有以下鲜明的特色：

1. 融入时下流行的二维码，利用信息化的手段，呈现丰富精彩的茶文化学习影音材料，突破纸质教材的局限，为学生学习和教师备课提供多样化的参考。

2. 教材整体可视性强，语言风格平易近人，贴合青少年读者的阅读习惯；通过猜谜、画图、游戏和听故事传说等活泼、有趣的引入环节，融易读性、知识性、趣味性于一体。

3. 茶礼学习、为父母泡一杯茶和茶会策划等内容呈现，引导孩子们识茶、习茶、爱茶，使孩子们以茶学礼、以茶为友、以茶会友；习礼仪、修专心、勤动手、知感恩，在心中种下一颗"茶"种子。

4. 古今名人与茶、两岸小茶人聚会、中外领导人茶叙外交等知识的呈现，让青少年小茶人感受祖国源远流长的茶文化，激发他们的爱国热情。

本书内容翔实生动，语言平易近人，编排图文并茂，适合少儿茶艺教学和青少年茶艺爱好者学习使用。

本书由徐春燕任主编并统稿，楼帆、俞东晓、赵碧君任副主编，具体分工如下：楼帆负责黄茶、黑茶部分的撰写，俞东晓负责绿茶、白茶部分的撰写，赵碧君负责红茶、青茶部分的撰写，郁文琪负责茶艺流程实操展示。

因茶的种类丰富，内涵深厚，编者水平有限，故编写过程中在专业知识的准确性、言语表述的科学性、活动设计的有效性等方面还存在不足之处，敬请读者批评指正。

本书在编写过程中，得到了很多老师、茶友的帮助、支持和关注，在此深表感谢！

徐春燕

2019 年 3 月

# 目 录

# 第一站　走进绿茶

引言：神农氏的传说

阿拉小茶人，扫一扫上方二维码，

来听听神农氏的传说吧。

在古老的中国东汉时期，我国第一部药物学著作《神农本草》出现了。在这本书中记载了茶的起源："神农尝百草，日遇七十二毒，得荼而解之。"短短的几句话却讲述了我国的部落领袖——神农氏（图1-1），在那个医药匮乏的年代，他为了让百姓少受病痛的折磨，利用他的水晶肚能看清食物在身体内运作的特异功能，大胆尝遍百草来配制草药。一天内曾遇到72种毒，让他透明的水晶肚黑成一片，在意外食用过茶（荼即茶）后，神农氏的水晶肚发生了什么变化呢？阿拉小茶人，你们能猜猜看吗？对啦，他发黑的水晶肚竟渐渐恢复了原状，毒也因此而解。

图1-1　神农氏

当然关于神农氏的这个传说也有其他的版本，比如有说神农氏在配制草药煮水过程中，偶然有茶叶掉入其中，神农氏饮用过后，发现口感清爽，且有一定药效，于是便向他的百姓们推广。也有说神农氏在尝百草的过程中，误食了金绿色的滚山珠而中毒，倒在茶树下，因有露水经茶叶流入他的口中，机缘巧合地解了毒。这么多版本的传说，小茶人们是否注意到它们的一个共同点呢？不管是什么版本的传说，都无一例外地说明我国是世界上最早发现和利用茶叶的国家，而且茶的最早用途是药用。

 一、识茶

## （一）热身活动：画图识茶

"茶者，南方之嘉木也。一尺，二尺，乃至数十尺。其巴山峡川有两人合抱者，伐而掇之。其树如瓜芦，叶如栀子，花如白蔷薇，实如栟榈，蒂如丁香，根如胡桃。"茶圣陆羽（图1-2）在《茶经》中这样介绍茶。茶，是我国南方的优良树木。它高一尺、二尺，有的甚至高达几十尺。在巴山、峡川一带，有树干粗到两人合抱的，要将树枝砍下来，才能采摘到芽叶。茶树的树形像瓜芦，叶形像栀子，花像白蔷薇，种子像棕榈，果柄像丁香，根像胡桃。

**图1-2 陆羽**

茶的历史源远流长，但归根结底，茶，其实就是一片树叶的故事。大自然中的树叶种类千万，可是茶这片树叶为什么会如此与众不同呢？

**【选一选】**

请你选一选，以下四种树叶（图1-3—图1-6），哪种才是真正的茶叶呢？

**图1-3**

**图1-4**

| 图 1-5 | 图 1-6 |

看了上面的图片，阿拉小茶人能否发现一些茶叶的基本特征呢？

1.光泽。茶叶的正面有一层蜡质层，有一定的厚度并富有光泽。如果叶正面粗糙无光泽，无质感，也无反光的，肯定就不是茶叶。

2.锯齿。茶叶的边缘往往有 16—32 对锯齿，而其他植物的叶边缘要不无锯齿呈光滑状，要不锯齿稀疏粗大，叶基无。

3.叶脉（图 1-7）。茶叶有明显的主脉，由主脉分出侧脉，侧脉又分出细脉，侧脉与主脉呈 45°—65° 的角度向叶缘延伸。侧脉数量往往有 5—15 对，从中延伸至距叶边缘 2/3 处，呈弧形向上弯曲，与上侧叶脉相连，形成闭合的网状疏导系统。

4.其他。茶叶嫩叶背面生茸毛。当然还可以从颜色、气味等方面来判别。

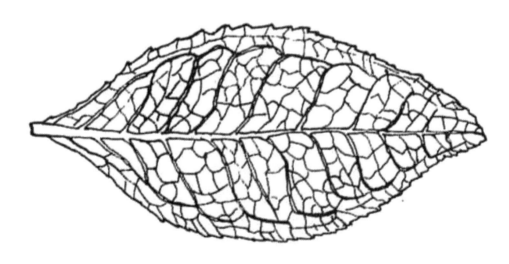

图 1-7 茶叶叶脉

 【画一画】

茶叶的基本特征，你记住了吗？接下来，请阿拉小茶人拿起你手中的画笔，描绘一下你所知道的茶叶样子。

## （二）绿茶分布

了解了茶叶的样子后，接下来我们探究一下茶树所能适应的生态环境。茶树喜温、喜湿、耐阴，最喜欢的温度在25℃左右，生长活跃期的空气相对湿度以80%—90%为宜；地势一般以在海拔800米左右的山区为宜。总体而言，茶叶有着"南红北绿"的基本规律。也就是说，低纬度地区适宜生产红茶，较高纬度地区（北纬25°—30°）适宜生产绿茶，北纬30°带也被称为出产茶叶的"黄金纬度"。我国十大名茶中全部绿茶都出产自北纬30°左右的优质茶叶产区带。

### 1. 认产区

我国的茶叶产区可分为以下四个：江北茶区、江南茶区、西南茶区、华南茶区。各大产区几乎都生产绿茶，由于地理位置、气候、土壤等因素，绿茶主要分布在江北茶区和江南茶区。

江北茶区是中国最北部的茶区，位于长江中、下游北岸，主要包括山东、皖北、陕南、苏北、河南、甘肃等地，所产绿茶具有香气高、滋味浓、耐冲泡的特点，比较有名的有六安瓜片、信阳毛尖、崂山绿茶等。

江南茶区位于长江中、下游南部，主要包括浙江、皖南、苏南、江西、湖北、湖南等地，不仅是目前我国茶叶生产最集中的茶区，更是中国名优绿茶最多的茶区，出产的名优绿茶有西湖龙井、洞庭碧螺春、黄山毛峰、太平猴魁、恩施玉露、径山茶、开化龙顶、望海茶等。

## 2. 画地图

请阿拉小茶人根据上面的介绍，在空白的中国地图（图 1-8）上给绿茶的产区填上绿色，并写出省份名称。

**中国地图**

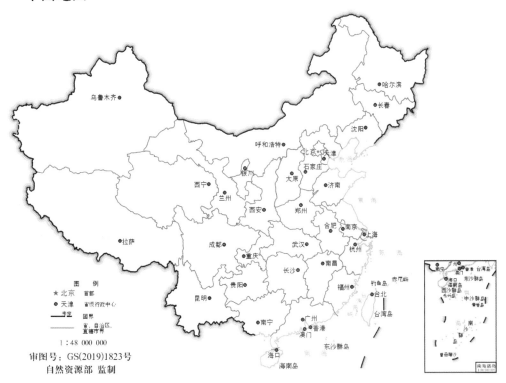

图 1-8　中国行政区划图

## （三）名茶介绍

绿茶不仅种类繁多，名优茶的数量更是远超其他茶类。下面，就来认识一下绿茶中的佼佼者吧。

## 1. 西湖龙井

绿茶中的名茶，首屈一指当数驰名中外的西湖龙井，无论是过去还是现在，西湖龙井一直都位列中国十大名茶之首。当然，西湖龙井这么有名，除了本身品质绝佳外，还离不开一个重要的人物——乾隆皇帝（图 1-9）。

传说乾隆皇帝下江南时，来到杭州龙井狮峰山下，看乡女采茶，以示体察民情。这位嗜茶的长寿之君曾亲自动手采茶，他把在胡公庙老龙井采的一些茶芽夹在书中带

回京城。恰逢皇太后因肝火上升，双眼红肿，胃里不适。闻到这清香的茶叶气味，乾隆皇帝便让宫女泡好，皇太后喝下之后，双眼顿时舒适了许多，红肿消了，胃也不胀了。乾隆皇帝见皇太后病好了，便封了杭州龙井狮峰山下胡公庙前那18棵茶树为御茶，每年采摘新茶，专门进贡皇太后。

西湖龙井（图1-10）属扁形绿茶，以"色绿、香郁、味醇、形美"四绝著称。2001年11月4日，国家对龙井茶开始实施原产地域保护，将杭州西湖区划为龙井茶生产发源地，冠以"西湖龙井茶"名称。清明前至谷雨是采制龙井茶的最佳时节，特级茶采摘标准为一芽一叶及一芽二叶初展鲜叶，每千克干茶需7万—8万个鲜嫩芽叶。

图1-9　乾隆画像

图1-10　西湖龙井

## 2. 碧螺春

相比较于西湖龙井直接以产地命名的茶，产自江苏省苏州市太湖洞庭山一带的碧螺春（图1-11），从它的名字里似乎就可以猜测到它的形状如螺一般卷曲。

事实上，碧螺春是中国传统名茶，已有千年历史，属螺形炒青绿茶。创制于明末清初。最初当地人称碧螺春为"洞庭茶"，也叫"吓煞人香"，意思是它有挡不住的奇香。相传有一尼姑上山游春，顺手摘了几片茶叶，泡茶后奇香扑鼻，脱口而出"香得吓煞人"，因此当地人便将此茶叫"吓煞人香"。后因康熙皇帝品饮后觉得汤色碧绿、卷曲如螺，味道很好，但名称不雅，于是题名为"碧

图1-11　碧螺春

螺春"。此后，年年进贡，其名代代相传，延续至今。

碧螺春的制作分采、拣、摊凉、杀青、炒揉、搓团、焙干等七道工序。高级碧螺春在春分前后开始采制，采一芽一叶初展鲜叶，称为"雀舌"。碧螺春的制作目前还保持手工方法，杀青以后即炒揉，揉中带炒，炒中带揉，揉揉炒炒，最后焙干。细嫩芽叶与巧夺天工的高超技艺，使碧螺春形成了色、香、味、形俱美的独有风格。

总而言之，碧螺春干茶形状条索纤细、卷曲呈螺状，色泽银绿隐翠，汤色嫩绿清澈，香气嫩香芬芳，滋味鲜醇，叶底芽大叶小、嫩绿揉匀。

### 3. 太平猴魁

太平猴魁（图 1-12）被称为"茶中君子"，产自安徽省太平县（现为黄山市黄山区），中国十大名茶之一，曾经在 2004 年国际茶博会上获得"绿茶茶王"称号。该茶曾是美国总统尼克松访问中国时，周恩来总理赠送的国礼之一，后来也被胡锦涛主席作为国礼赠予俄罗斯总统普京。

图 1-12　太平猴魁

该茶产地低温多湿，土质肥沃，云雾笼罩。茶园皆分布在海拔 350 米以上的中低山，茶山地势多坐南朝北，位于半阴半阳的山脊山坡。土质多为黑沙壤土，土层深厚，富含有机质。传说清朝咸丰年间，猴魁先祖郑守庆生产出扁平挺直、鲜爽味醇且散发出阵阵兰花香味的"尖茶"，冠名"太平尖茶"。该茶外形两叶抱芽，扁平挺直，自然舒展，白毫隐伏，有"猴魁两头尖，不散不翘不卷边"的美名。叶色苍绿匀润，叶脉绿中隐红，俗称"红丝线"；兰香高爽，滋味醇厚回甘，汤色清绿明澈，叶底嫩绿匀亮，芽叶成朵肥壮。

太平猴魁的色、香、味、形独具一格，有"头泡香高，二泡味浓，三泡四泡幽香犹存"的意境。如此珍贵的好茶，往往采摘于谷雨前后的一芽三叶初展时，后经杀青—毛烘—足烘—复焙等工序加工而成。制成后的太平猴魁含天然化学成分达 500 多种，是天然的保健饮料。无事即饮，还具有抑制癌细胞、防动脉硬化、美容护肤等多种养生功效。

### 4. 六安瓜片

六（lù）安瓜片（图 1-13），中国十大名茶之一，简称瓜片或片茶，产自安徽省六安市大别山一带，唐代称为"庐州六安茶"，明代开始称为"六安瓜片"，自古以来都是名茶、极品茶，清朝为朝廷贡茶，畅销江淮之间、长江中下游一带和京津地区，曾远销港澳台地区及东南亚、欧美市场。它是名茶中唯一以单片嫩叶炒制而成的产品，无芽无梗。去芽不仅保持单片形体，且无青草味；梗在制作过程中已

木质化，剔除后，可确保茶味浓而不苦，香而不涩。每逢谷雨前后十天之内采摘，采摘时取两三叶，求"壮"不求"嫩"。

图1-13 六安瓜片

## 5.信阳毛尖

河南，有一处享誉中外的地方叫信阳。在信阳，有一种人尽皆知的清茶，便是信阳毛尖（图1-14）。信阳毛尖，又称"豫毛峰"，中国十大名茶之一，绿茶中的珍品，以形秀、色绿、香高、味鲜而闻名。主要产地在信阳市浉河区、平桥区和罗山县，名茶产区位于浉河区车云山、集云山、云雾山、天云山、连云山、黑龙潭、白龙潭、何家寨，俗称"五云两潭一寨"。

图1-14 信阳毛尖

由于信阳处于北亚热带向暖温带过渡气候区，四季分明，光、热、水资源丰富。信阳毛尖一般采摘谷雨前纯芽和一芽一叶的初展芽叶制成，其特点是原料细嫩，制工精巧，形美，内质香高，耐泡味长。信阳毛尖具有"细、圆、光、直、多白毫、香高、味浓、汤色绿"的特点，具有生津解渴、清心明目、提神醒脑、去腻消食等多种功效。1951年信阳毛尖在巴拿马万国博览会上与贵州茅台一同获得金质奖；1990年信阳毛尖品牌参加国家评比，取得绿茶综合品质第一名，被誉为"绿茶之王"。

## 6.黄山毛峰

黄山毛峰（图1-15）也是中国的十大名茶之一，由清代光绪年间谢裕大茶庄创制，因产于安徽省黄山（徽州）一带，所以也称为"徽茶"。每年清明谷雨时节，选良种茶树（黄山种、黄山大叶种）上的初展肥壮嫩芽，经采摘—杀青—揉捻—干燥等工序手工炒制而成。该茶外形微卷，状似雀舌，绿中泛黄，银毫显露，且带有金黄色鱼叶（俗称黄金片）。入杯冲泡雾气结顶，汤色清碧微黄，叶底黄绿，滋味醇甘，香气如兰，韵味深长。

传说明代天启年间，有一位江南新任知县游黄山，迷了路，途遇一位腰挎竹篓的老和尚，便借

图1-15 黄山毛峰

宿于寺院中。长老在泡茶敬客时，知县细看这茶叶色微黄，形似雀舌，身披白毫，开水冲泡下去，只见热气绕碗边转了一圈，转到碗中心便直线升腾，约有一丈高，而后在空中转一圈，化作一朵白莲花。那白莲花又慢慢升华成一团云雾，最后散成一缕缕热气飘荡开来，顿时清香满室。黄山毛峰除了美丽的传说外，它还具备一定的强心解痉、抗菌抑菌、防龋齿等作用。

### 7. 望海茶

在国家级生态示范区——浙江省宁海县境内，在海拔超过900米的高山上，在四季云雾缭绕、空气湿润、土壤肥沃的优越生态环境里，出产了宁波市的第一个省级名茶——望海茶（图1-16）。

望海茶产于望海岗，系天台山脉分支，立于山上，极目千里，眺望东海，海天相接，故名。望海茶于清明至谷雨前开采，采摘一芽一叶初展鲜叶，采回鲜叶需用竹垫摊放3—4小时后进行加工。制作工序可概括为鲜叶摊放—杀青—摊凉—揉捻—理条—初烘—摊凉还潮—足火—筛分分装等。

图1-16 望海茶

经过细致制作后的望海茶，外形细嫩挺秀，色泽翠绿显毫，香高持久，有嫩栗香，滋味鲜爽回甘，叶底芽叶成朵、嫩绿明亮，尤以干茶色泽翠绿、汤色清绿、叶底嫩绿的"三绿"特色而在众多名茶中独树一帜，具有鲜明的高山云雾茶的独特风格。

阿拉小茶人，了解了那么多名优绿茶后，你有发现自己家乡是不是在绿茶的产区内，有没有特别优质的绿茶是书上没有提及的呢？如果有，就请你介绍一下你家乡的优质绿茶；如果没有，那么是哪些条件限制了绿茶的出产呢？

### （四）制作工艺

阿拉小茶人，你们知道这些名优绿茶是怎么制作出来的吗？

茶根据制作方法和特点，可分为绿茶、红茶、乌龙茶、黄茶、白茶和黑茶等六大基本茶类，另外还有再经加工的花茶和紧压茶。绿茶作为基本茶类之一，属于不发酵茶。其制作过程不经发酵，绿叶、绿汤、绿底，是历史上出现最早的茶类。绿茶、白茶、黄茶、青茶、红茶、黑茶的发酵情况，如图1-17所示。

陆羽《茶经·三之造》中提到"蒸之、捣之、拍之、穿之、封之，茶之干矣"，这是中国最早的蒸青团饼茶制造方法。历经宋、元、明、清茶的发展，现今的绿茶基本制作工艺流程为杀青—揉捻—干燥。

| 绿茶 | 白茶 | 黄茶 | 青茶 | 红茶 | 黑茶 |
|---|---|---|---|---|---|
| 不发酵 | 微发酵 | 轻发酵 | 半发酵 | 全发酵 | 后发酵 |

低　　　　　　　　　发酵程度　　　　　　　　　高

图 1-17　六大茶类的发酵程序

## 1. 绿茶的制作工序

（1）杀青（图 1-18）。目的在于蒸发叶中水分，发散青臭气，产生茶香，并破坏酶的活性，抑制多酚类的酶促氧化，保持绿茶绿色的特征。杀青要求做到杀匀杀透，老而不焦，嫩而不生。杀青一般有三种方法。

①锅式杀青。在平锅或斜锅中进行，一般掌握锅温 180℃—250℃，先高后低。每锅投叶量为名优茶 0.5—1.0 千克，大宗茶 1.0 千克；时间为 5—10 分钟，依据投叶量而定。采用抛炒与抖焖结合的方法，多抖少焖。

②滚筒式杀青（图 1-19）。一般用 50—80 厘米直径的转筒，转速 28—32 转 / 分，每小时投叶量 150—200 千克；叶子在筒内停留时间为 2.5—3.0 分钟，采用连续方式进行。

③蒸汽杀青。蒸汽温度 95℃—100℃；时间为 0.5—1.0 分钟，以连续方式进行。

（2）揉捻（图 1-20）。目的在于使芽叶卷紧成条，适当破损叶组织使茶汁流出，便于冲泡。方法有手工揉捻和机器揉捻。高档名优茶以手揉为主。手揉方法是两手握茶徐徐向前推进，使叶子不断翻动，用力先轻后重。揉捻掌握嫩叶冷揉、中档叶温揉、老叶热揉的原则。机揉嫩叶不加压或轻压，加压先轻后重，逐步加压，轻重交替，最后松压。

图 1-18　杀青

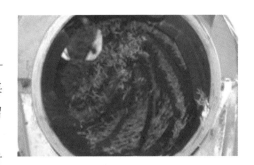

图 1-19　滚筒式杀青

图 1-20　揉捻

（3）干燥。目的是除去茶条中的水分，发展茶叶香气。干燥一般有炒干和烘干两种方法。炒干，炒青绿茶制作工艺，在锅子中进行，分二青、三青和辉干三个过程；烘干，烘青绿茶制作工艺，分毛火和足火二段进行。名优茶干燥常铺以做形。烘干设备有烘笼、手拉百叶式和自动链板式烘干机。烘干设备有锅式和瓶式。两种烘干机如图1-21所示。

（a）锅式烘干　　　　　　　　　　（b）瓶式烘干

图1-21　两种烘干机

## 2. 绿茶的分类

绿茶不仅品种众多，分类方法更是五花八门，可按季节、级别、外形、历史、加工方式、品质特征等来分类。如按杀青方法不同，可分为蒸青和炒青；按品质特征，可分为大宗绿茶和名优绿茶两类；按干燥方法，可分为炒青绿茶、烘青绿茶和晒青绿茶。现主要介绍一下，根据绿茶制作工艺杀青和干燥方式不同，可分为炒青绿茶、烘青绿茶、晒青绿茶和蒸青绿茶等四大类，如图1-22所示。

图1-22　绿茶的分类

（1）炒青绿茶

炒青绿茶因采用炒干的方式而得名，用高温锅炒杀青和锅炒干燥的绿茶，是我国产量最多的绿茶类型，具有显著的锅炒高香之特点，比如龙井茶、碧螺春、信阳毛尖等都是炒青绿茶的代表。按外形可分为长炒青、圆炒青和扁炒青三类。长炒青形似眉毛，又称为眉茶，品质特点是条索紧结，色泽绿润，香高持久，滋味浓郁，汤色、叶底黄亮；圆炒青外形如颗粒，又称为珠茶，具有外形圆紧如珠、香高味浓、耐泡等品质特点；扁炒青，又称为扁形茶，成品扁平光滑、香鲜味醇。

阿拉小茶人，下面我们来了解一下炒青绿茶代表——西湖龙井的制作工艺。

龙井名茶如佳人，御笔一挥天下闻。真正懂西湖龙井的人都说，西湖龙井本身就是一种工艺品，俗话说得好："龙井茶是靠一颗一颗摸出来的。"机器制造代替不了手工炒制的龙井的价值与品质。西湖龙井茶主要的工艺流程可概括为：采鲜叶—摊青叶—青锅—摊凉—辉锅—分筛—挺长头—收灰，其中青锅和辉锅两道工序是整个炒制作业的重点和关键。

①采鲜叶（图1-23）

西湖龙井茶的采摘要求非常严格，鲜叶分四个档次：特级（一芽一叶初展）、一级（一芽一叶）、二级（一芽一叶至一芽二叶）、三级（一芽二叶至一芽三叶）。采摘时注意"三不采""四不带"原则，即不采紫色芽叶、不采病虫芽叶、不采碎叶，不带老叶、老梗、什物、夹蒂。

图1-23 采鲜叶

②摊青叶（图1-24）

采摘下来的青叶在炒制之前，必须经过摊放，根据鲜叶的嫩度和空气的湿度决定摊放叶的厚度与摊放的时间，一般需薄摊4—12小时，叶子含水量达到70%—72%，摊放至青叶叶色暗绿，芽叶自然萎瘪，青气消失，清香显露。

③青锅（图1-25）

青锅的目的在于保持鲜叶的绿色和做形，同时使原来70%左右的含水量降到30%—35%。锅的温度控制在150℃—180℃为宜，掌握先高后低的原则。特级茶鲜叶投叶量一般为100—150克；一、二级茶鲜叶投叶量为150—200克；三级以下茶鲜叶投叶量为200—250克。用时在12—14分钟。运用抓、抖、托、搭、捺等手法，使茶叶逐渐包拢、略叠成扁条，用力先轻后重。一直到茶条身骨挺直，互不粘结，色泽翠绿或嫩绿一致，约七成干时起锅。

图1-24 摊青叶

图1-25 青锅

④摊凉

青锅后杀青叶应及时摊凉，尽快降温和散发水气，可放于阴凉处进行薄摊回潮，

必要时可覆盖棉布回潮。摊凉回潮时间以30—60分钟为宜。

⑤辉锅（图1-26）

图1-26 辉锅

辉锅的作用在于进一步做好扁平条索，增进光洁度，进一步挥发香气，同时使含水量进一步下降到7%左右。辉锅时锅温在120℃—140℃为宜，四锅青锅并作一锅，再次运用抓、抖、搭、捺、推、扣、甩、磨、压等手法，使茶叶达到扁平挺直，光滑尖削和足干，时间为15—20分钟。温度先低后高，起锅前3分钟略提高锅温。手势紧扣，用力掌握轻—重—轻的节奏，要与锅温灵活配合。

⑥分筛（图1-27）

图1-27 分筛

用筛子把茶叶分筛，簸去黄片，筛去茶末，使成品大小均匀。

⑦挺长头

这道工序又称"复辉"。锅温一般保持在60℃左右，将筛出的长头（大一点茶叶）再次放入锅中，采用抓、推、磨、压等手法，达到平整外形、透出润绿色、均匀干燥程度及色泽的目的，历时5—10分钟。

⑧收灰（图1-28）

图1-28 收灰

炒制好的西湖龙井茶极易受潮变质，茶叶要连续制作8小时左右再进入石灰缸去碱。做法为及时用布袋或纸包包起，放入底层铺有块状石灰（未吸潮风化的石灰）的缸中加盖密封收藏。封存半个月至一个月时间，西湖龙井茶的香气更加清香馥郁，滋味更加鲜醇爽口。

传统的手工制作采用十大基本炒制手法（图1-29），"搭、拓、抖、甩、推、抓、扣、捺、磨、压"十大手法在炒制时根据实际情况交替使用，做到动作到位，茶不离锅、手不离茶。

学习了西湖龙井的制作工艺，让我们一起扫一扫下方的二维码，通过纪录片跟着茶农体验它的制作过程吧。

图 1-29　手工制作采用十大基本炒制手法

（2）烘青绿茶

烘青绿茶就是新鲜的茶叶经过杀青、揉捻，而后用炭火或烘干机烘干的绿茶，特点是外形完整稍弯曲、锋苗显露、干色墨绿、香清味醇、汤色叶底黄绿明亮。烘青绿茶产区分布较广，以安徽、浙江、福建三省产量较多。大部分烘青绿茶均被用作窨制花茶的茶坯，销路很广。烘青绿茶的代表有黄山毛峰、太平猴魁等。下面来了解一下黄山毛峰的制作工艺。

①采摘（图 1-30）

黄山毛峰要求采摘细嫩的鲜叶，采摘标准为初展的一叶一芽鲜叶，一般的则选择初展的一芽二叶或三叶。等级高的黄山毛峰开采于清明前，称为明前茶；次级黄山毛峰则在谷雨前采制，称为雨前茶。

鲜叶采摘回来后进行拣剔，剔除鲜叶根部的蒂子和病虫害鲜叶，保证芽叶制成的质量。鲜叶要分开摊放，散失部分水分以保证鲜叶的新鲜度。

图 1-30　采摘

②杀青（图 1-31）

杀青是黄山毛峰制作中最关键的一步。与西湖龙井茶一样，好的黄山毛峰茶制作采用手工锅炒法，一般用直径 50 厘米左右的传统大锅，采用灶台火。锅炒法注重"嫩茶老炒，老茶嫩炒"。锅温先高后低，即从 150℃慢慢降到 130℃左右，温度下降时

要持续和稳定。

真正炒制时，见到锅底有点泛红，将鲜叶下锅。下锅后一般发出炒芝麻声响即为适中，单手翻炒，手势要轻（翻炒速度分为三个阶段进行，当鲜叶下锅后为第一阶段，一般每分钟40多次；当杀青叶略失去光泽后为第二阶段，一般每分钟50次左右；当杀青叶略显柔软后为第三阶段，一般每分钟55次左右）。

在杀青过程中，注意手势要"扬得高"（叶子离开灶面20厘米左右），便于杀青热气的散发，同时要"捞得净"（锅底净），"撒得开"（杀青叶撒满全锅）。当杀青至叶质柔软、叶面失去光泽、叶边感觉有点干燥、青气消失、茶香显露时为杀青过程结束，及时用锅刮将杀青叶起锅到箔篮内，进行下道工序揉捻。杀青时头道一定要杀干，毛峰品质的好坏关键在此。杀青总计用时为200—250分钟，鲜茶约4千克，可做1千克左右的黄山毛峰干茶。

图 1-31　杀青

③揉捻（图1-32）

黄山毛峰在杀青过程即将结束时，将杀青过的鲜茶及时放到竹编的篾盘上，然后分三道程序揉捻。用双手掌将杀青叶抱住顺揉盘轻揉，揉至约40秒，双手掌松开，用双手弯曲十指将揉叶抖开，散发热气。然后用双手略加力揉捻同样约至40秒，松开双手将揉团内、外揉叶抖开、抖均匀，此过程起到使揉叶形成条形的作用。最后继续轻揉，约至30秒，松手轻抖，该过程主要起固定条形作用。整个揉捻过程要求：揉捻速度宜慢，轻揉、加力揉、轻揉三过程用力都要均匀，松抖时要将揉叶抖开抖均匀且速度要快，以保持色泽绿润，

图 1-32　揉捻

芽叶完整，达到所需条形。茶叶的品相关键在揉捻和烘焙。

④烘焙

这道工序一般分两步，烘焙和打干堆（就是将大量的揉捻过的茶一起烘烤）。烘焙是放在有很多层的烘箱内中温烘焙，以烘顶温度为准，顺次从90℃—80℃—70℃。

边烘边翻，每次翻叶间隔时间视每烘贴烘面的茶叶干燥度而定，当贴焙烘面的茶叶干燥时及时翻叶。翻叶要求，将烘叶聚拢，焙烘面的叶要清净，双手弯曲十指，抖开抖匀烘叶，然后匀撒在焙烘上继续烘干，待烘叶含水率约15%时烘焙结束，然后进行打干堆烘烤，将烘胚过的干茶放在一层的烘箱大量烘烤，温度掌握在50℃左右。待茶叶含水率达到6%左右时，结束烘焙。注意：在烘焙过程中要掌握好温度，这很关键。

⑤成茶（图1-33）

烘焙后的干茶要摊在篾盘里凉却，装入透明的塑料袋中系口密封，再入库装成小包装，等待外销。

图1-33 成茶

学习了黄山毛峰的制作工艺，让我们一起扫一扫下方二维码，通过纪录片跟着茶农体验它的制作过程吧。

（3）晒青绿茶

晒青绿茶就是新鲜的茶叶经过杀青、揉捻之后，用日光晒干的绿茶，古人采集野生茶树的芽叶晒干后收藏，大概可算是晒青茶工艺的萌芽，距今已有3000多年，是最古老的干燥方式。晒青绿茶产区遍布云南、贵州、四川、广东、广西、湖南、湖北、陕西、河南等省区，产品有滇青、陕青等，其中以云南大叶种为原料加工而成的滇青品质最好。此外，晒青毛茶除少量供内销和出口外，主要作为沱茶、紧茶、饼茶、方茶、康砖、茯砖等紧压茶的原料。下面来了解一下滇青的制作工艺。

滇青茶初制分杀青、揉捻、晒干三道工序。

①杀青（图1-34）

多用锅炒杀青，锅温200℃左右，锅直径80厘米，投叶量2—3.5千克，要翻匀炒透，防止翻叶不匀，产生茎叶夹生和烟焦现象。云南大叶种芽叶肥大，含水率高，在杀青时要注意闷抖结合，杀透杀匀。

图 1-34 杀青

②揉捻（图1-35）

主要使用中、小型揉捻机，也有用手揉的。如果揉捻程度不足，不仅条索粗松，且茶味欠浓。传统的滇茶初制技术，是以揉捻为提高茶叶品质的主要环节，一般分初揉、堆积、复揉三步进行。较老的原料应趁热揉捻，揉后不抖散，适当堆积，对形成醇厚的滋味和橙黄的汤色，特别是消除粗老茶的粗青气作用很大。一般第一天揉捻叶

图 1-35 揉捻

堆到第二天晒；晒至4—5成干，叶质还较柔时再复揉一次，使条索紧结，色泽油亮。

③晒干（图1-36）

把茶叶薄摊在篾笆或水泥晒场上，利用阳光晒干，中间翻叶2—3次，以使水分均匀。雨季晒干有困难，为防止茶叶酸馊霉变，只能用柴火烤干，要建造简易的土烘房，防止产生烟味。晒青毛茶含水率标准为10%，要求晒至足干，符合毛茶水分标准。

图1-36 晒干

学习了滇青的制作工艺，让我们一起扫一扫下方二维码，通过纪录片跟着茶农体验它的制作过程吧。

（4）蒸青绿茶（图1-37）

蒸青绿茶是指新鲜的茶叶蒸后直接烘干的绿茶，是中国古代汉族劳动人民最早发明的一种茶类，比其他加工工艺的历史更为悠久。蒸青绿茶的新工艺保留了较多的绿叶素、蛋白质、氨基酸、芬芳物质等，造就了色绿、汤绿、叶绿和味爽（三绿一爽）的特点。虽然蒸青绿茶茶汤滋味鲜爽甘醇，带有海藻味的绿豆香或板栗香，但香气较闷且带青气，涩味也比较重，目前市场上不多见，如玉露、煎茶等。近年来，浙江、江西等地有多条蒸青绿茶生产线，产品少量在内地销售，大部分出口销往日本。下面来了解一下恩施玉露茶的制作工艺。

恩施玉露传统的手工制茶工艺分为摊放散热、蒸青、搧干水汽、炒头毛火、揉捻、炒二毛火、整形上光、焙火提香、拣选等9道工序。当然在制作前，采摘环节要求严格，芽叶须细嫩、匀齐。成茶条索紧细，色泽鲜绿，匀齐挺直，状如松针。采摘最重要的就是一定得"提摘"，而不是掐断或者剪断。因为青叶很柔弱，掐断或者剪断会造成茶梗处损伤，从而引起氧

图1-37 蒸青绿茶

化色变，影响茶汤色泽、透度的展现。

①摊放散热（图1-38）

摊放青叶的地方要求无阳光直射、背光通风、清凉干燥，青叶的下面要垫上晒席。摊放期间需轻轻翻动青叶，以保证其失水均匀。所有动作都要求一个字——轻！一旦损伤青叶，将影响质量和口味。这个环节需要4—6小时，判断的标志是查看青叶的厚度。

②蒸青（图1-39）

蒸青工艺为恩施玉露所特有，蒸青和整形上光是制茶9个环节中最重要的两步。恩施玉露之"绿"独树一帜，蒸汽杀青可以最大限度地保留茶叶中的营养物质。

蒸青是蒸汽杀青的简称。通过高温蒸汽破坏摊放散热后的鲜叶中酶的活性，以便形成翠绿色泽，使叶子变软，散发青草气味。值得注意的是，蒸青前要确保水充分沸腾，温度保持稳定在100℃。这个过程一般为45—50秒，最长不超过1分钟。如果此时茶叶呈现暗绿色或者灰绿色，那就表示这个环节成功完成。

③搧干水汽（图1-40）

将蒸青叶迅速搧凉，迅速降低叶温，散发水分以免余热和水汽积聚闷黄茶叶。如采用蒸汽杀青机或汽热杀青机蒸青，则省去该流程。

④炒头毛火（图1-41）

将蒸青叶2—3千克投放在温度100℃—140℃的焙炉盘上，双手迅速捧叶高抛抖散，使水分蒸发。翻抖动作要勤，并随时将炉盘上散叶收拢，使之受

图1-38　摊放散热

图1-39　蒸青

图1-40　搧干水汽

热均匀，失水一致。一般抛炒至叶色暗绿，嫩梗主脉出现"鸡皮皱纹"，手捏茶坯，既不粘手，又不成团为适度。全程需要12—15分钟。如采用蒸汽杀青机或汽热杀青机蒸青，则省去该流程。

⑤揉捻（图1-42）

在焙炉上进行，一为回转揉。两手握住适量茶叶，在焙炉盘上，如滚球一样从左向右或从右向左始终朝一个方向周而复始地滚团揉。二为对揉。2人或4人甚至6人对站在焙炉两边，双手推揉茶团。相对站立操作应协调动作，如推石磨一样，你往我返配合推揉，使茶团成一圆柱状，在炉盘上滚转。回转揉和对揉交替操作。其间夹以铲法、解散团块。或用揉捻机进行，揉捻后成条率达85%以上。

⑥炒二毛火（图1-43）

继续蒸发水分、卷紧条索，初步整理形状。在100℃—110℃的焙炉盘上投放3—5千克揉捻叶，两人对站焙炉两边，两手心相对，如捧球一样，两人动作协调一致，左右来回揉茶，使茶坯成团随手如滚球般翻动。动手由慢至快，并随时将散落在炉盘边的零星茶叶收拢，使其受热受力均匀。经8—10分钟后，以手捏成团，柔软而稍有刺手感为适度，即下叶摊放10分钟左右。或采用名茶加工机械进行理条。

⑦整形上光

整形上光同样是在焙炉上完成，炉火温度要求为80℃—120℃之间，以100℃—110℃最佳。分两个阶段，第一阶段为悬手搓条，把二毛火叶放在焙炉上，两手心相对，拇指朝上，四指微曲，捧起

图1-41 炒头毛火

图1-42 揉捻

图1-43 炒二毛火

茶条，右手向前，左手往后朝一个方向搓揉，并不断地抛撒茶团，使茶条成细长圆形，约7成干时，转入第二阶段。此阶段将"搂、端、搓、扎"（图1-44）四种手法交替使用，继续整形上光，直到干燥适度为止。整个整形上光过程需60—80分钟。

图1-44 "搂、端、搓、扎"四种手法

⑧焙火提香

经过整形上光的茶叶，再用烘焙或红外线提香机进行提香，至茶叶含水量5%—6%时下机摊凉。

⑨拣选

提香后的茶叶，经冷却后用过筛簸扬、手工拣剔，除去碎片、黄片、粗条、老梗以及其他夹杂物，然后分级包装贮藏。

学习了恩施玉露的制作工艺，让我们扫一扫下方二维码，一起通过纪录片跟着茶农体验它的制作过程吧。

 二、行茶

阿拉小茶人,了解了绿茶的前世今生后,接下来是不是很想动手冲泡一杯绿茶呢?请大家跟着老师一起学习绿茶行茶之法。

## (一)茶器选择

要想泡一杯好的绿茶,首先就要选择合适的茶器。根据所用材料不同,茶具一般分为陶土茶具、瓷器茶具、玻璃茶具、金属茶具、竹木茶具、漆器茶具及其他材质茶具。根据绿茶的特征,可以选择玻璃杯来冲泡,也可以采用瓷器盖碗。今天就借绿茶来了解一下玻璃茶具。

随着玻璃生产的工业化和规模化,玻璃在当今社会已被广泛应用在日常生活、生产等领域。玻璃具备质地透明、传热快、散热快、对酸碱等化学品的耐腐蚀力强、外形可塑性大等特点,采用玻璃杯冲泡绿茶,色泽鲜艳的茶汤、细嫩柔软的茶叶、冲泡过程叶片的舒展和浮动等均可一览无余,是赏评绿茶的绝佳选择。此外,玻璃器具不吸附茶的味道,容易清洗且物美价廉,深受广大消费者的喜爱。

### 1. 主泡器具

冲泡绿茶(以玻璃杯泡法为例)的主泡器具是指泡茶使用的主要冲泡用具,包括泡茶壶和玻璃杯。

泡茶壶是泡茶的主要用具,由壶盖、壶身、壶底和圈足四部分组成。根据容量大小,有 200 毫升、350 毫升、400 毫升、800 毫升等规格。一般情况下冲泡绿茶,两三人品茶用 200 毫升壶,四五人品茶用 400 毫升壶。

玻璃杯(图 1-45),俗称"茶杯",为品茶时盛放茶汤的器具。按形状可分为敞口杯、直口杯、翻口杯、双层杯、带把杯等,冲泡绿茶较常使用敞口杯,容量大小有 150 毫升、200 毫升等。

(a)　　　　　(b)　　　　　(c)　　　　　(d)

图 1-45　各种玻璃杯

## 2.辅助茶具

辅助茶具是指用于煮水、备茶、泡饮等环节中起辅助作用的茶具。经常用到的辅助茶具有煮水壶、茶道组、茶叶罐、茶荷、水盂、杯托、茶巾、奉茶盘等。

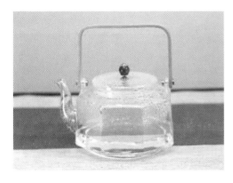

图1-46 煮水壶

煮水壶（图1-46）：出于安全、环保以及便捷等因素的考虑，目前使用的大多是电热煮水壶，也称随手泡，常见的材质有金属、紫砂、陶瓷等。

茶道组（图1-47）：又称箸匙筒，是用来盛放冲泡所需用具的容器，多为筒状，以竹质、木质为主。箸匙筒内包含的器具有茶夹、茶则、茶匙、茶针、茶漏。这六样便是茶艺师常说的"茶道六君子"。茶夹，又称茶筷。烫洗杯具时用来夹住杯子，分茶时用来夹取品茗杯或闻香杯。使用茶夹既卫生又防止烫手；茶则，泡茶时用来量取干茶的工具，它可以很好地控制所取的茶量。一般由陶、瓷、竹、木、金属等制成；茶匙，又称茶拨、茶扒。泡茶时用来从茶叶罐中取干茶的工具，也可以用来拨茶用；茶针，也称茶通，是疏通茶壶的内网（蜂巢），以保持水流畅通。当壶嘴被茶叶堵住时用来疏浚。茶针有时与茶匙一体，即一端为茶针，另一端为茶匙，用竹、木制成；茶漏，置茶时放在壶口上，用于导茶入壶，防止茶叶掉落壶外。

图1-47 茶道组

茶叶罐（图1-48）：用来储存茶叶的容器，常见材质有金属、紫砂、陶瓷、韧质纸、竹、木等。茶叶易吸潮、吸异味，茶叶罐的选择直接影响茶叶的存放质量，要做到无杂味、密闭且不透光。

茶荷（图1-49）：是泡茶时盛放干茶、鉴赏茶叶的茶具。茶荷的引口处

图1-48 茶叶罐

图1-49 茶荷

多为半球形，便于投茶。投茶后可向人们展示干茶的形状、色泽，闻嗅茶香。茶荷材质有陶、瓷、锡、银、竹、木等，市面上最常见的是陶、瓷或竹质茶荷。冲泡绿茶宜选择白瓷荷叶造型，比较符合绿茶的雅趣。

水盂（图1-50）：用来盛放茶渣、沸水以及果皮等杂物的器具，多由陶、瓷、木等材料制成。大小不一，造型各异。

（a）

（b）

图1-50 水盂

杯托（图1-51）：茶杯的垫底器具，多由竹木、玻璃、金属、陶瓷等制成，一般选择与茶杯相配的材质为宜。

茶巾（图1-52）：也称茶布，可用于擦拭泡茶过程中滴落桌面或壶底的茶水，也可用来承托壶底，以防壶热烫手。茶巾材质主要有棉、麻、丝等，其中棉织物吸水性好，容易清洗，是最实用的选择。

奉茶盘（图1-53）：用于奉茶时放置茶杯，以木质、竹质居多，也有塑料制品。

图1-51 杯托　　　　　图1-52 茶巾　　　　　图1-53 奉茶盘

## （二）冲泡要素

选了好茶、好茶器后，这冲泡的技术更是品饮一杯好茶的重中之重。那么冲泡出一杯好的绿茶，需要掌握哪些要素呢？当然影响的因素有很多，有人为的，也有环境的影响。概括起来，主要有三个要素：水温、茶量和冲泡时间。

### 1. 泡茶水温

水温的高低与要冲泡的茶叶种类以及制茶的原料有关。有些茶叶原料比较粗老，

则需用沸水直接冲泡；有些茶叶原料比较细嫩，则需用降温后的沸水进行冲泡。普通绿茶，一般采用80℃—85℃的热水冲泡，而名优绿茶，如西湖龙井、洞庭碧螺春等，用75℃左右的热水冲泡足矣。

## 2. 茶叶用量

主要是指茶与水的用量比例。绿茶，一般按照每克茶泡50毫升左右的水为宜。俗语称"浅茶满酒"，在真正冲泡时，如用一个200毫升的茶杯，则注水约160毫升，那么只需放置3克左右的绿茶。

## 3. 冲泡时间

根据不同的茶叶种类，茶叶浸泡时间各有不同。从日常生活的品饮角度来看，一般的绿茶在第一泡时，15—20秒的时间即可出汤，在第二泡时可适当增加8—10秒。

## （三）行茶方法

了解了绿茶的泡茶技巧后，进入正式的实践环节。下面以绿茶玻璃杯泡法为例，来学习行茶的具体方法。

## 1. 备具

建议准备茶盘、3个玻璃杯、3个杯垫、茶道组、茶叶罐、茶荷、茶巾、水壶、水盂。如表1-1所示。

表1-1　器具准备

| 器具名称 | 数　量 | 质　地 |
|---|---|---|
| 茶　　盘 | 1 | 竹　制 |
| 玻　璃　杯 | 3 | 玻　璃 |
| 杯　　垫 | 3 | 玻　璃 |
| 茶　道　组 | 1 | 竹　制 |
| 茶　叶　罐 | 1 | 陶瓷或玻璃 |
| 茶　　荷 | 1 | 陶瓷或玻璃 |
| 茶　　巾 | 1 | 棉　质 |
| 水　　壶 | 1 | 玻　璃 |
| 水　　盂 | 1 | 陶瓷或玻璃 |

（1）备具：将透明玻璃杯、茶道组、茶荷、茶巾、水盂等放置于茶盘中。

（2）备水：急火煮水至沸腾，倒入热水瓶中备用。泡茶前可先用少许开水温壶（温热后的水壶贮水可避免水温下降过快，在室温较低时尤为重要），再倒入煮开的水备用。具体可根据茶叶的特点（以名优绿茶西湖龙井为例），将水煮沸后等待水温降至75℃左右。

（3）布具：双手将器具一一布置好。女性在泡茶过程中强调用双手做动作（图1-54），一则显稳重，二则表敬意；男性泡茶为显大方，可用单手。

图1-54 布具

## 2. 流程

（点头礼）赏茶—温杯—置茶—润茶—摇香—冲泡—奉茶—品饮—收具。

（1）赏茶（图1-55）：请来宾欣赏茶荷中的干茶。

（a）

（b）

图1-55 赏茶

（2）温杯（图1-56）：将开水依次注入玻璃杯中，约占茶杯容量的1/3，缓缓旋转茶杯使杯壁充分接触开水，随后将开水倒入水盂，杯入杯托。用开水烫洗玻璃杯，

一方面可以消除茶杯上残留的消毒柜内的气味，另一方面干燥的玻璃杯经润洗后可防止水汽在杯壁凝雾，以保持玻璃杯的晶莹剔透，便于观赏。

（a） （b） （c）

（d） （e） （f）

图1-56 温杯

（3）置茶（图1-57）：用茶匙轻柔地把茶叶投入玻璃杯中。

（a） （b）

图1-57 置茶

（4）润茶（图1-58）：用回转手法向玻璃杯中注入少量开水（水量以浸没茶样为度），以促进可溶物质析出。浸润时间20—60秒，可视茶叶的紧结程度而定。

（5）摇香（图1-59）：左手托住茶杯杯底，右手轻握杯身基部，逆时针旋转茶杯。此时杯中茶叶吸水，开始散发香气，摇毕可依次将茶杯奉给来宾，品评茶的初香，随后再将茶杯依次收回。

图1-58 润茶

（a）　　　　　　　　　　　（b）

（c）　　　　　　　　　　　（d）

图1-59　摇香

（6）冲泡（图1-60）：冲水时手持水壶有节奏地三起三落而水流不间断，称为"凤凰三点头"，以示对来宾的敬意。冲水量控制在杯子总容量的7分满，一来可避免奉

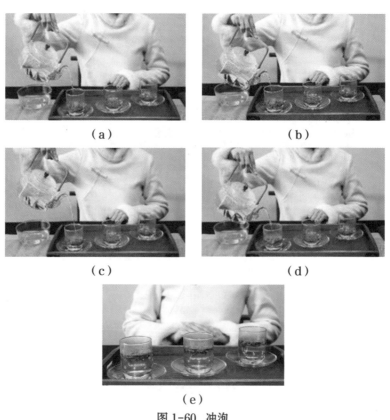

（a）　　　　　　　　　　　（b）

（c）　　　　　　　　　　　（d）

（e）

图1-60　冲泡

茶时如履薄冰的窘态，二来有"浅茶满酒"的说法，表"七分茶三分情"之意。

（7）奉茶（图1-61）：向来宾奉茶，行伸掌礼。

图1-61　奉茶

（8）品饮：先观赏玻璃杯中的绿茶汤色，接着慢慢细嗅茶汤的香气，随后小口细品绿茶的滋味。

（9）收具（图1-62）：按照先布后收的原则将茶具一一收置于茶盘中。

图1-62　收具

## 3.绿茶茶艺欣赏

扫一扫下方二维码，欣赏绿茶玻璃杯泡法茶艺表演流程。

 **三、赏茶**

赏茶，选取每一类最有代表性的茶叶，按照评茶"五因子"之干茶外形色泽，茶汤汤色、香气、滋味和叶底顺序进行鉴赏。一看干茶的色泽、匀齐、紧结、毫显等；二看茶汤色泽是否透亮；三看叶底的细嫩、匀齐及完整；四是在茶的三种不同状态下闻茶香（干闻、热闻和冷闻）；五是用心品尝茶汤滋味，看其火候、韵味、回甘等。接下来，根据绿茶的不同分类，来鉴赏几种有代表性的绿茶。

## （一）绿茶鉴赏

绿茶在加工过程中，鲜叶内保留了较多的天然物质，比如茶多酚、咖啡碱、叶绿素、维生素等，从而形成了绿茶"三绿"的特点，即干茶绿、汤色绿、叶底绿。

### 1. 干茶

鉴赏干茶，首先可以将其放在手中捏一下，如果能捏碎则说明水分含量少，而捏后不变形的说明茶叶可能已受潮。然后再通过干茶的外形、色泽、嫩度、香气等来判断茶叶的优劣。

炒青绿茶代表——西湖龙井（图1-63），它的外形扁平光润、挺直尖削，嫩绿鲜润，匀整重实，匀净。

烘青绿茶代表——太平猴魁（图1-64），它的外形扁展挺直、魁伟壮实，两叶抱一芽，匀齐，毫多不显，苍绿匀润，都分主脉暗红。

晒青绿茶代表——滇青（图1-65），它的外形蓬松，自然弯曲，条索粗壮，色泽暗绿。

蒸青绿茶代表——恩施玉露（图1-66），它的外形条索紧圆挺直、毫白显露，苍翠润绿。

图1-63 西湖龙井　　图1-64 太平猴魁　　图1-65 滇青　　图1-66 恩施玉露

### 2. 茶汤

俗话说"茶无好坏，适口为宜"。阿拉小茶人，茶的鉴赏品饮环节最重要的就是茶汤。看汤色、闻香气、品茶味，我们可以通过这三个环节来进行茶汤的品赏。

炒青绿茶代表——西湖龙井，素有四绝"味甘形美"之称，它的汤色嫩绿明亮、

清澈，它的香气清香持久，滋味鲜醇甘爽。如图 1-67 所示；

烘青绿茶代表——太平猴魁，它的汤色嫩绿清澈明亮，它的香气鲜灵高爽，兰花香持久，滋味鲜爽醇厚，回味甘甜，独具"猴韵"。如图 1-68 所示；

晒青绿茶代表——滇青，它的汤色黄绿明亮，香气有明显的日晒味，滋味醇爽浓郁、回甘。如图 1-69 所示；

蒸青绿茶代表——恩施玉露，它的汤色嫩绿明亮，香气清高，滋味醇厚、回甘。如图 1-70 所示。

图 1-67 西湖龙井茶汤　　图 1-68 太平猴魁茶汤　　图 1-69 滇青茶汤　　图 1-70 恩施玉露茶汤

## 3. 叶底

茶叶就是一个饱含故事被尘封的精灵，在水的荡涤之下，被唤醒获得新生。每一个叶片遇水后逐渐舒展，渐渐还原成最初的形态。叶底成为我们全方位认识这款茶的重要依据之一，细心的阿拉小茶人一定不要忘记在品饮结束后，观察一下叶底。

叶底，顾名思义，就是在冲泡结束之后，主泡茶器或者茶杯中剩下的茶叶。看叶底就是将泡过的茶叶倒入叶底盘或杯盖中，可以观察茶叶经过冲泡后所呈现的形状，叶片嫩度、柔软度、均匀度，以及其他可以通过叶底看到的茶叶特征。

炒青绿茶代表——西湖龙井（图 1-71），它的叶底芽叶细嫩，匀齐，嫩绿明亮。

烘青绿茶代表——太平猴魁（图 1-72），它的叶底嫩匀肥壮，呈花朵状，嫩黄绿鲜亮。

晒青绿茶代表——滇青（图 1-73），它的叶底黄绿完整。

蒸青绿茶代表——恩施玉露（图 1-74），它的叶底绿亮匀整。

图 1-71 西湖龙井叶底　　图 1-72 太平猴魁叶底　　图 1-73 滇青叶底　　图 1-74 恩施玉露叶底

**【填一填】**

请阿拉小茶人总结绿茶赏茶所学知识，参考第一条写法，填好表 1-2。

表 1-2  绿茶鉴赏一览表

| 绿茶样品 | 干 茶 | 茶 汤 | 叶 底 |
|---|---|---|---|
| 西湖龙井 | 外形扁平光润、挺直尖削，嫩绿鲜润，匀整重实，匀净 | 汤色嫩绿明亮、清澈，清香持久，滋味鲜醇甘爽 | 芽叶细嫩，匀齐，嫩绿明亮 |
| 太平猴魁 | | | |
| 滇 青 | | | |
| 恩施玉露 | | | |

## （二）茶席欣赏

关于茶席，茶艺大师陈燚芳老师曾如此描述："茶席是一个由长、宽、高与时间构成的维度空间，在这个空间里，有春花秋叶的痕迹，有光影倏忽地来去。"

关于绿茶的茶席设计，要根据具体的节气、场景来设计安排，颜色切忌繁杂，以清新为主，配以合适的插花。

## 1. 茶席主题：绿野仙踪

绿野仙踪茶席主题，如图 1-75 所示。

图 1-75  绿野仙踪茶席主题

## 2. 主题阐述

当仙人从绿色的山野中走过时，总会留下若隐若现的踪迹，那种云雾弥漫的感觉，让人神往的朦胧仙感就像是绿茶漂浮出来的浅浅雾气，其中更有脱离凡俗尘世的淡淡清香幽幽飘来，让人心旷神怡，倘若梦游仙境。

## 3. 茶席特色

茶具：玻璃杯、随手泡、"茶道六君子"、茶叶罐。

茶叶：都匀毛尖。都匀毛尖有"三绿透黄色"的特色，即干茶色泽绿中带黄，汤色绿中透黄，叶底绿中显黄。都匀城位于"九溪归一"的剑江河畔，众多河流汇入沅江源头——剑江穿城而过。碧玉般的剑江水，沿江两岸莺语流花，青山耸翠，是一个山水交融、山清水秀的天然生态环境。贵州名优绿茶——都匀毛尖，就是产于这样的圣地。精茗韵香，借水而发。今天泡茶用水是源于都匀马鞍山山顶的山泉水。

铺垫：茶席插花，再以绿色茶席铺垫出绿色山野之感。

## 4. 一展身手

请阿拉小茶人参考学习任务中的图来自主设计一个绿茶茶席，并拍照上传"阿拉的一方茶席"。通过扫一扫下方的二维码，查看和上传照片。

## （三）茶礼观赏

茶礼，即以茶待客的礼仪。我国是礼仪之邦，客来敬茶是我国人民最传统和常见的礼仪之一。

## 1. 民间茶礼

在民间，茶礼又叫"茶银"，是聘礼的一种。清代孔尚任《桃花扇·媚座》中有"花花彩轿门前挤，不少欠分毫茶礼"，这说的就是以茶为彩礼的习俗。民间男女订婚以茶为礼，女方接受男方聘礼，叫"下茶"或"茶定"，有的叫"受茶"，并有"一家不吃两家茶"的谚语。

在拉祜族等少数民族婚俗中，当男女双方确定成婚日期后，男方要送茶、盐、酒、肉、米、柴等礼物给女方（图1-76）。在很多少数民族，没有茶就不能算结婚，而

且在婚礼上必须请亲友喝茶。

　　茶礼的另一层意思是以茶待客的礼仪。早在古代，不论饮茶的方式如何简陋，茶也成为日常待客的必备饮料，客人进门，敬上一杯(碗)热茶，以表达主人的一片盛情。在我国历史上，不论示富贵之家或是贫困之户，不论是上层社会或是平民百姓，莫不以茶为应酬品。

图1-76　民间茶礼

## 2. 叩指礼

　　当别人给自己倒茶时，为了表示谢意，将食指、中指或者食指单指叩几下，以示谢忱。这在我国的社交场合中是一种常见的礼节。传说乾隆微服南巡时，到一家茶楼喝茶，当地知府知道了这一情况，也微服前往茶楼护驾。到了茶楼，知府就在皇帝对面末座的位上坐下。皇帝心知肚明，也不去揭穿，就像久闻大名、相见恨晚似的装模作样寒暄一番。皇帝是主，免不得提起茶壶给这位知府倒茶，知府诚惶诚恐，但也不好当即跪在地上来个"谢主隆恩"。于是灵机一动，忙用手指作跪叩之状以"叩手"来代替"叩首"。之后逐渐形成了现在谢茶的叩指礼（图1-77）。小茶人们，跟着一起做一下吧！

图 1-77　叩指礼

 四、事茶

情景任务

　　阿拉宁波人大多数家庭都喜爱喝绿茶，尽管近几年喝红茶、白茶、普洱的也不少，但宁波人儿时记忆中爷爷搪瓷杯里的那杯茶便是绿茶。请你在同学聚会的时候，用盖碗泡法，为你尊敬的老师奉上一杯绿茶。语言的组织与形式可参照下例。

### 1. 准备

　　选茶叶：西湖龙井。

　　选主题：敬师茶。

　　选音乐：平湖秋月。

### 2. 开场

　　每个人都有一位藏在心底的恩师，而我心底的这一位，便是我初中的班主任——刘老师。如今的我，能做到阳光、自信地学习与生活，离不开他对我的信任与栽培。今天奉上一杯敬师茶，感恩那个渐渐白了头发、弯了腰的他。

### 3. 中场

　　各位老师和同学，请赏茶。

　　此茶名为西湖龙井，产于浙江杭州。它的外形扁平挺秀、光滑匀齐；色泽绿中显黄，呈糙米色。

　　（中间泡第一道茶）

　　各位，请品茶。此茶汤色黄绿明亮；香气高锐持久，有豆香；滋味鲜醇，正适合

奉给辛勤工作的老师。

（继续泡第二道茶并奉茶，可适当讲解一下第二道茶与第一道的区别。）

### 4. 结束

十年寒窗无人晓，一朝题名谢师恩。以茶为媒，感谢师恩。也感谢在今天这个特别的日子里遇到的各位同学，感恩生命中最美好的相遇，谢谢！敬师茶会设计说明，如表1-3所示。

**表1-3 敬师茶会设计说明**

| 组　名 | 主　题 |
|---|---|
| 音　乐 | 茶　名 |
| 组<br>内<br>分<br>工 | （1）备具、茶席布置：＿＿＿＿＿＿＿＿＿＿＿＿＿＿<br><br>（2）解说词撰写：＿＿＿＿＿＿＿＿＿＿＿＿＿＿＿<br><br>（3）伴奏音乐选择：＿＿＿＿＿＿＿＿＿＿＿＿＿＿<br><br>（4）茶艺表演者：＿＿＿＿＿＿＿＿＿＿＿＿＿＿＿<br><br>（5）现场解说：＿＿＿＿＿＿＿＿＿＿＿＿＿＿＿＿<br><br>（6）其他：＿＿＿＿＿＿＿＿＿＿＿＿＿＿＿＿＿＿ |

 五、茶与生活

以茶入菜

茶叶，除了我们熟知的药用功能外，还有一个食用的功能。这里就跟阿拉小茶人们分享一个全国名菜，也是国宴上招待外宾的明星菜——龙井虾仁（图1-78）。

相传，杭州厨师受苏东坡词《望江南》"且将新火试新茶，诗酒趁年华"的启发，选用"色绿、香郁、味甘、形美"的明前龙井新茶和鲜河虾仁烹制而成。下面，就简

单介绍一下这道名菜的制作方法。

食材准备：活河虾 600 克，龙井新茶 5 克，鸡蛋 1 个，淀粉 10 克，黄酒、盐适量。

制作步骤：

1. 将河虾挤出虾肉，用清水反复清洗，至雪白，沥干水分。

2. 盛到碟中放盐和蛋清，用筷子搅拌至有黏性，加淀粉，腌制 1 小时。

3. 茶用开水泡开，备用。热锅放入油，滑开虾仁后盛出。

图 1-78 龙井虾仁

4. 用葱炝锅，放入虾仁，再加黄酒、茶叶和茶水，迅速颠炒半分钟即可出锅。

通过扫一扫下方的二维码，观看视频。

 六、巩固拓展

（一）排一排

请你来认一认冲泡绿茶常用的茶器与它们的名字。

( )　　( )　　( )　　( )　　( )　　( )

茶壶　　公道杯　　滤网　　水盂　　茶道组　　茶巾

( )　　( )　　( )　　( )　　( )　　( )

玻璃杯　　杯托　　茶盘　　茶荷　　茶叶罐　　盖碗

（二）背一背

请理解并背诵《茶经》中的节选，内容如下。

"茶者，南方之嘉木也。一尺，二尺，乃至数十尺。其巴山峡川有两人合抱者，伐而掇之。其树如瓜芦，叶如栀子，花如白蔷薇，实如栟榈，蒂如丁香，根如胡桃。"

（三）找一找

请通过小组合作，寻找生活中的绿茶，根据专业术语从名称、产地、干茶外形、色泽、滋味、香气等方面来做一个绿茶推荐，并完成表1-4。

表1-4 绿茶推荐

| 名　称 | 产　地 | 干茶外形 | 色　泽 | 滋　味 | 香　气 |
|---|---|---|---|---|---|
|  |  |  |  |  |  |
| 我的推荐词： | | | | | |

（四）想一想

阿拉小茶人有没有发现要做出好的茶叶，采摘的时节非常重要，那么大家知道一年中有几个节气吗？它们分别叫什么呢？具体在什么时候呢？

# 第二站　走进黄茶

## 引言：毛主席和君山银针

扫一扫上方二维码，听一听黄茶故事录音。

　　阿拉小茶人，你知道吗，伟大领袖毛泽东主席生平不嗜酒，但爱好喝茶，尤其对家乡茶更是情有独钟。究竟是什么样的茶让我们敬爱的毛主席这么喜欢呢？让我们来看看主席与茶的故事吧。

　　在热播电视剧《换了人间》中，毛主席用家乡茶君山银针招待民主人士李锡九，为什么主席会用这个茶招待贵宾呢？这让人不禁想起他为君山银针点赞的佳话。湖南洞庭湖君山茶园，如图2-1所示。盖碗中的君山银针，如图2-2所示。

图2-1 湖南洞庭湖君山茶园

图2-2 盖碗中的君山银针

1959 年，时任湖南省委书记张平化到北京开会，一见到毛主席，他就马上拿出一包君山银针双手捧到毛主席面前，对毛主席说："毛主席，请饮一杯家乡人民制作的家乡茶。"

毛主席接过银针，只见根根茶叶芽头苗壮，坚实挺直，银毫披露，芽身金黄，外形十分好看。毛主席非常高兴，笑吟吟地称赞道："这个茶叶做得蛮特别哟，这叫么子茶啰？"

张平化回答说："这是湖南岳阳君山出产的银针茶，泡在杯中能悬空而立，三起三落。"

毛主席期待地说："好！现在就泡。"

张平化立即用保温瓶中的开水给毛主席泡了一杯茶，结果茶叶不但没有三起三落，而且不能竖立，全部倾倒在杯底。

毛主席风趣地说："你吹牛，你看茶叶像小孩子撒娇一样睡在地上，一动也不动。"

第二次张平化找对了君山银针的冲泡方法，又一次为主席冲泡了一杯。他采用刚沸腾的水冲泡，之后把杯盖盖好，3 分钟后再将杯盖揭开。这一次完美地展现了君山银针的三起三落，毛主席打趣道："你没有吹牛，这茶真是全国一流呢！"

扫一扫上方二维码，看一看电视剧中的"毛主席"用君山银针招待客人。

阿拉小茶人，想知道被毛主席点赞的君山银针属于哪一类茶吗。它就是我们六大茶类中的黄茶。接下来，让我们共同走进黄茶的世界吧。

 一、识茶

**（一）热身活动：猜一猜**

亲爱的小茶人，在开始学习前，跟老师来一起猜个谜语。

**【猜一猜】**

谜面：长颈大肚皮，像鸡不是鸡。一张嘴，两张嘴，吃的是白汤，吐的是黄水。黄水、黄水，这样的酒、喝不醉；客人来，请他喝一杯。（打一日常用品）

**【画一画】**

你心目中的谜底是什么样子的？

扫一扫上方二维码，揭晓谜底。

阿拉小茶人，刚才谜语中提到的黄水自然而然指的是茶汤。不同的茶有不同颜色的茶汤，小时候爷爷的大茶壶里面的茶汤倒出来很黄，是因为绿茶浸泡的时间很久了。那什么茶刚冲泡出来茶汤颜色就是黄的呢？答案是黄茶。毛主席所钟爱的黄茶君山银针自然是产自他的家乡湖南。那么，我国还有哪些地方产黄茶呢？接下来，我们来认产区、画地图。

## （二）黄茶分布

### 1. 认产区

黄茶是我国主要茶类之一，也是我国特有茶类，属于轻发酵茶。黄茶历史悠久，最初创制于西汉，是我国历史上第二早出现的茶类。历史上最早记载的黄茶，不同于现在的黄茶，而是指茶树生长的芽叶自然显露黄色。如，在唐朝享有盛名的安徽寿州黄茶，以芽叶自然发黄而得名。阿拉小茶人会疑惑，现在所指的黄茶是怎么出现的呢？

我国最早的茶类是绿茶，茶农在炒青绿茶过程中，由于杀青或揉捻后干燥不足或不及时，就会导致茶叶变黄，无法继续做绿茶，无奈就留着自己喝，没想到喝的时候滋味温和，甜香浓郁。聪明的茶农灵机一动，经过无数次尝试后就制成现在所指的黄茶了。

我国黄茶产区包括安徽、湖南、湖北、浙江、四川和广东等省，比绿茶产区范围小。

### 2. 画地图

请阿拉小茶人根据上面的介绍，在空白的中国地图（图 2-3）上给黄茶的产区填上黄色，并写出省份名称。

**中国地图**

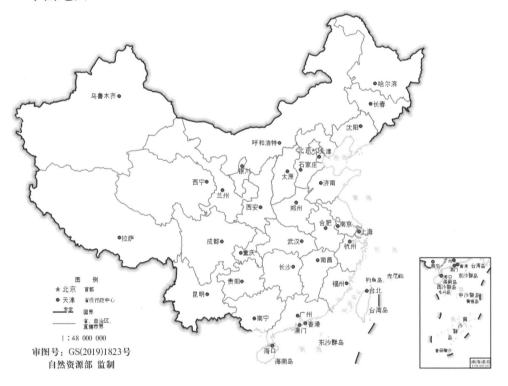

图 2-3　中国行政区划图

## （三）名茶介绍

阿拉小茶人，黄茶是茶叶中"逐渐消失"的美。作为六大茶类中鲜为人知的黄茶，渊源于中国历史长河中，却在逐渐淡出人们的视线。据统计，黄茶的年产量在六大茶类中是最低的，占茶叶总产量的份额不到0.5%，在六大茶类中占比最少。有鉴于此，我们更加应该体会到黄茶的美和珍贵，共同认识黄茶中的优秀代表。

### 1. 湖南：君山银针

君山银针茶叶，如图2-4所示。君山银针杯中"起舞"，如图2-5所示。

图2-4　君山银针茶叶

图2-5　君山银针杯中"起舞"

君山银针产于湖南省岳阳洞庭湖的君山，因形细如针而得名。君山产茶历史悠久，始于唐代，据说文成公主出嫁时就将君山茶带入西藏，清代时被列为贡品。君山银针属于芽茶，风格独特，但是产量较少，十分珍贵。君山银针被誉为世界上唯一会"跳舞"的茶叶，是因为在冲泡时，茶芽渐次竖立，上下沉浮，富有韵律感，像是踩着节奏起舞，令人赞叹不已。1956年，君山银针代表中国名茶参加了在莱比锡举行的国际博览会，

其以"色、香、味"三绝赢得了国际评委们的一致好评，评委们给予君山银针"茶盖中华、价压天下"的极高评价，以"芽身黄似金，芽尖白如玉"被誉为"金镶玉"，获金质奖章。君山银针成了"高贵""富丽"的象征。

## 2. 四川：蒙顶黄芽

蒙顶山天盖寺山门对联，如图2-6所示。蒙顶山茶园，如图2-7所示。

图 2-6　蒙顶山天盖寺山门对联

图 2-7　蒙顶山茶园

"扬子江心水，蒙山顶上茶"，这是咏茶诗文中最为著名的一对茶联，说的是蒙顶山的茶就好比扬子江心的水的优异品质。蒙顶黄芽，是蒙顶山茶中的一颗璀璨明珠。

蒙顶黄芽，产于四川省雅安市蒙顶山。蒙顶山终年蒙蒙的烟雨，茫茫的云雾，肥沃的土壤，优越的环境，为蒙顶黄芽的生长创造了极为适宜的条件。蒙顶山茶的栽培始于西汉，距今已有2000年的历史，古时为贡品供历代皇帝享用，中华人民共和国成立后曾被评为全国十大名茶之一。一般来说，特级蒙顶黄芽茶采用清明前肥壮的芽

和一芽一叶初展的芽头制作，每500克干茶需要4万—5万个芽头，索取之艰实属不易，但正因如此，才成就了蒙顶黄芽冲泡后鲜嫩甜爽，实为黄茶之极品，如图2-8所示。

图2-8　蒙顶黄芽

### 3. 浙江黄茶：莫干黄芽和平阳黄汤

（1）莫干黄芽

莫干黄芽茶青，如图2-9所示。莫干黄芽，如图2-10所示。

图2-9　莫干黄芽茶青　　　　　　　　图2-10　莫干黄芽

莫干黄芽，属历史名茶。莫干山产茶历史悠久，相传在晋代（265—420）佛教盛行时期就有僧侣上山结庵种茶。唐代茶圣陆羽所著《茶经》中评论茶叶品质时指出："浙西，以湖州上，生安吉、武康二县山谷。"所指武康山谷就是现今的莫干黄芽之产地。莫干黄芽清代末年在市场上尚可以见到，之后逐渐没落。非常可喜的是，在国家和浙江省有关部门的关心下，莫干黄芽于1979年开始恢复生产。莫干山是举世闻名的旅游和避暑胜地，自然环境优越，因此所产黄芽茶品质优秀，其在1980—1982年连续三年被浙江省农业厅评为一类名茶，成为浙江省第一批一级名茶。作为紫（紫笋茶）、黄（莫干黄芽）、白（安吉白茶）湖州名茶"三朵奇葩"之一，莫干黄芽外形细紧略曲、嫩黄显毫，汤色嫩黄明亮，香气清甜，滋味甘醇，叶底嫩匀、黄亮柔软。

（2）平阳黄汤

平阳黄汤茶叶，如图 2-11 所示。平阳黄汤，如图 2-12 所示。

图 2-11 平阳黄汤茶叶

图 2-12 平阳黄汤

平阳黄汤茶，是中国四大传统黄茶之一，与君山银针、蒙顶黄芽、霍山黄芽等知名黄茶齐名。原产于浙江省温州市平阳县，品质以平阳北港朝阳山所产为最佳，因清代曾被列为贡品而闻名。平阳黄汤是全国农产品地理标志产品，因其具有"干茶显黄、汤色杏黄、叶底嫩黄"等"三黄"和"浓而不涩、厚而甜醇"等特征而傲立茶界。

### 4. 安徽：霍山黄芽和黄大茶

（1）霍山黄芽

霍山黄芽茶叶，如图 2-13 所示。霍山黄芽冲泡后的姿态，如图 2-14 所示。

图 2-13 霍山黄芽茶叶

图 2-14 霍山黄芽冲泡后姿态

霍山黄芽主要产于安徽霍山大花坪金子山、漫水河金竹坪、上土市九宫山等地。其历史悠久，源远流长。据史料记载，霍山黄芽源于唐代，作为贡品进贡朝廷。以后每个朝代都是如此。经过长期的发展，其产量不断扩大，工艺不断改进，品质不断提高。自改革开放以来，霍山黄芽产销规模获得快速发展，目前已跻身于中国名茶之列。

（2）霍山黄大茶

霍山黄大茶（图2-15），又称为皖西黄大茶，自明代便已有记载。产于安徽霍山、金寨、大安、岳西等地。它的特点是叶大、梗长、黄色黄汤、香高耐泡，饮之有消垢腻、去积滞之作用，具有抗辐射、提神清心、消暑等功效。

图2-15 霍山黄大茶

## （四）制作工艺

阿拉小茶人，大家是不是有一个困惑，在刚才的介绍中，有的黄茶叫黄芽，有的叫黄大茶，为什么这样命名呢？黄茶有哪些种类呢？让我们从黄茶的制作工艺中来一探究竟吧。

### 1. 黄茶的工序

黄茶的制作工序为：鲜叶—杀青—揉捻—闷黄—干燥。

我们通过图片来了解黄茶的加工工序，如图2-16所示。

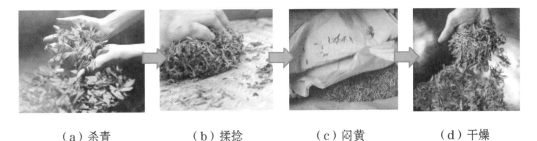

（a）杀青　　　　（b）揉捻　　　　（c）闷黄　　　　（d）干燥

图2-16 黄茶制作流程（蒙顶黄芽）

经过比较我们发现，"闷黄"（图2-17）工艺是黄茶制作中的特有工序。"闷黄"是指将杀青或揉捻或初烘后的茶叶趁热堆积，使茶坯在湿热作用下逐渐黄变的特有工序。黄茶品类繁多，品质风格各异，因此闷黄技法也不同，具体可分为湿坯闷黄和干坯闷黄两种。湿坯闷黄是在杀青或揉捻后进行的，例如平阳黄汤，在揉捻后闷黄；

图2-17 纸包闷黄

图2-18 纸包后静置

干坯闷黄是在初烘干燥后进行的，例如君山银针是在炒干过程中交替进行闷黄。闷黄时间短的需 15—30 分钟，长则需 5—7 天。在闷黄过程中，茶叶里的叶绿素被破坏产生变化，氨基酸及香味物质增多，成品茶色呈黄绿色，故名闷黄。纸包后静置，如图 2-18 所示。

## 2. 黄茶的分类

根据黄茶所用鲜叶原料的嫩度和大小，将黄茶分为黄芽茶、黄小茶和黄大茶三类。由于品种的不同，在叶片选择、加工工艺上有一定的区别。

（1）黄芽茶

以单芽或一芽一叶初展鲜叶为原料制成的黄茶，其品质特点是单芽挺直，冲泡后每棵芽尖朝上，直立悬浮于杯中，很有欣赏价值，代表品种有君山银针、蒙顶黄芽、霍山黄芽和莫干黄芽。下面来了解一下四川蒙顶黄芽和浙江莫干黄芽的制作工艺。

①蒙顶黄芽

蒙顶黄芽的制作，在春分前后采摘单芽和一芽一叶初展鲜叶，要求芽头肥壮，大小匀齐，制作工艺包括鲜叶摊放（萎凋）、杀青、初包（闷黄）、二炒、复包、三炒、摊放、整形、提毫、烘焙等工艺流程（图 2-19），初包与复包是形成黄汤、黄叶、黄底主要特征的关键工艺。

（a）杀青

（b）初包

（c）炒后复包

（d）烘焙

图 2-19 关键工艺

扫一扫上方二维码，跟着茶农体验蒙顶黄芽的制作过程。

②莫干黄芽

莫干黄芽的制作，采摘一芽一叶展开至一芽二叶初展的鲜叶，经摊放、杀青、揉捻、闷黄、初焙、锅炒、足烘等工序制成。

（2）黄小茶

黄小茶，是以一芽一叶的细嫩芽叶为原料制成的黄茶，主要品种有浙江平阳黄汤、沩山毛尖、北港毛尖、鹿苑茶等。下面以平阳黄汤为例来介绍黄小茶加工工艺。

平阳黄汤茶叶于清明节前开采，采摘标准为细嫩的一芽一叶和一芽二叶初展，要求大小匀齐一致，做到"无芽不采、虫芽不采、紫芽不采、冻芽不采"。黄汤茶经摊青、杀青、揉捻、烘闷等工序，历时72小时以上精工细作而成。尤其关键的工序是"闷黄"，采用"九烘九闷"的古法闷黄工序，闷黄次数多、时间长、黄变程度最充分，在黄茶类中独树一帜，造就平阳黄汤"玉米香、杏黄汤"的高贵品质。

（3）黄大茶

黄大茶，是用一芽三叶至一芽四五叶的鲜叶为原料制成的黄茶，这类茶的品质特点是叶肥梗壮，梗叶相连成条，色金黄，有锅巴香，味浓耐泡。有霍山黄大茶、广东大叶青等。以霍山黄大茶为例，加工工序为炒茶、初烘、堆积、烘焙，其中堆积和烘焙是形成黄大茶品质的重要工序。堆积是将初烘叶趁热装入茶篓或堆积在一定空间内，待叶色变黄，香气透露即为适度；烘焙用高温进一步促进黄变和内质的转化，形成黄大茶特有的焦香味。

## 二、行茶

阿拉小茶人，学习了黄茶的制茶工艺和各具特色的知名黄茶后，大家来探索如何冲泡好黄茶吧。

### （一）茶器选择

黄茶除黄大茶外，多数茶叶原料采摘细嫩，制作时轻微揉捻，外形苗壮挺直，重实匀齐，银毫披露，芽身金黄光亮。对于黄茶，尤其是黄芽茶来说，冲泡的重点是观其形，因此可以选择玻璃杯来冲泡。另外，阿拉小茶人还可以结合古时文人雅士的饮茶习俗，选用盖碗冲泡法行茶，体会一番文人雅士品茶的心境。鲁迅先生说："喝好

茶，是要用盖碗的，于是用盖碗。果然，泡了之后，色清而味甘，微香而小苦。"梁实秋曾在散文《喝茶》中写道，有人从大陆返回台湾时，带给他一只三十多年前天天使用的瓷盖碗。梁先生睹此旧物，勾起往事，不禁黯然，又不禁感叹：盖碗究竟是最好的茶具！两位现代文学大师都对盖碗情有独钟，想必盖碗有着非凡的魅力。下面我们来学习一下关于盖碗的相关知识。

## 1. 主泡器具——盖碗

### （1）认识盖碗

盖碗，又叫"三才碗"，即天、地、人三才，分别对应盖碗三个部分：茶盖、杯托、碗身。在上面的茶盖为天，中间的碗身为人，底部的杯托为地。虽然只是泡茶使用的器皿，其中却蕴含了中国上千年的"天盖之，地载之，人育之"的道理。在三才中，杯托作用尤妙，茶碗上大下小，承以杯托增强了稳定感，不易倾覆。

在我国唐代时，已经有盖碗的雏形。这里有个关于盖碗起源的传说给阿拉小茶人分享下：唐代宗宝应年间，有一姓崔的官员爱好饮茶，他的女儿非常聪明，也喜欢喝茶。因为茶盏注入茶汤后，拿的时候很烫手，很不方便，女儿便想出一个办法，取一小碟垫托在茶盏下。但刚要喝时，杯子却滑动倾倒，聪明的女儿又想出一个办法，用蜡在碟中做成一茶盏底大小的圆环，用以固定茶盏，这样饮茶时，茶盏既不会倾倒，又不至于烫手。后来又让漆工做成了漆制品，称为"盏托"。此种一盏一托式的茶盏，既实用，又增添了茶盏的装饰效果。阿拉宁波博物馆馆藏唐越窑青瓷荷叶带托茶盏（图2-20），被誉为镇馆之宝。南宋建盏带托，如图2-21所示。

图 2-20　唐越窑青瓷荷叶带托茶盏　　　　图 2-21　南宋建盏带托

"地"和"人"两才有了，那么作为"天"才的盖子是什么时候出现的呢？答案是明代后给加上去的。明代流行青瓷和白瓷等薄壁瓷器，这类瓷器不如宋朝流行的黑釉瓷保温，那就加个盖吧，既保温，又防止尘埃的侵入。品茶时，一手托盏，一手持盖，并可用茶盖来拂动漂在茶汤面上的茶叶，更增添了一份喝茶的情趣，这样盖就来了。渐渐的，"三才碗"一直到清代初期定型，清代中期盛行，小小盖碗穿越数百年才有了今天三位一体的模样—— 一盏、一盖、一碟式的盖碗。

盖碗的制作原料为陶瓷，经过高温烧制而成。盖碗的材质有很多，目前市场上常见的是瓷质盖碗，也有玻璃等材质的。不同的瓷质盖碗不仅形态各异，而且种类繁多，有青花瓷盖碗、彩瓷盖碗、白瓷盖碗，琳琅满目，如图 2-22 所示。

（a）青花瓷盖碗

（b）祭红釉盖碗

（c）白瓷盖碗

（d）玻璃盖碗

图 2-22 不同的瓷质盖碗

（2）盖碗泡茶优点

盖碗一般为瓷质，表面光洁致密，不吸味，最大的优点是适合泡任何种类的茶，完全不会串味，易于清洁，因此在茶界素有"万能茶具"之称。此外，盖碗泡茶，可灵活控制开口大小，通过改变注水方法来调节水温和力度，适用于不同的茶类。由此，果真如梁实秋先生称赞的那样：盖碗究竟是最好的茶具！

（3）盖碗使用手法

一般有两种常见的拿盖碗手法，三指法和抓碗法（图 2-23、图 2-24）。这里介绍一个最为常用的方法——三指法。

图 2-23 三指法

图 2-24 抓碗法

三指法：用三只手指拿捏盖碗，称为"三指法"。三指法比较优雅，是最普遍的一种拿盖碗的方法，也是很多女茶艺师常用的手法。

这种拿法，食指负责固定盖子，拇指和中指接触碗沿，负责拿碗身，如果拿法不对，很有可能烫手。需要特别注意的是，无名指和小指不可像兰花指那样翘起，这个动作是茶艺中的大忌。茶汤出汤的位置刚好在拇指和中指中间的碗沿位置，正对食指，如图2-25所示。

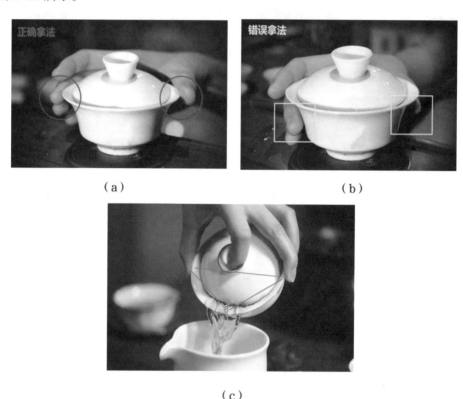

（a）　　　　　　　　　　　（b）

（c）

图2-25　盖碗出茶汤的正确位置

## 2. 辅助茶具——公道杯

（1）公道杯的由来

阿拉小茶人，公道杯在历史上最早作为酒器出现在辽代和元代。相传朱元璋打败陈友谅定都南京，建立了大明王朝，有一天特宴请他的开国功臣们。席间，朱元璋拿出瓷质酒杯为众臣斟酒赐饮，徐达第一个上前领赏，他一来好贪杯，二来自恃功高，竟让朱元璋把杯中酒斟得满溢，谁知他刚端起酒杯，这酒竟泄漏光了，其他人喝这杯中酒，只要不斟满就不会漏，大家百思不得其解。朱元璋笑着说："此乃景德镇御器厂奉朕之命所造的九龙公道。圣人曰：'满招损，谦受益'。众爱卿今日一试其公道，以为如何？"原来公道杯在盛酒时只能浅平不可过满，否则杯中的酒就会全部漏掉。

这个传说告诉我们一个道理：办事必须讲求公道，为人不可贪得无厌。

我们在行茶中最常用的茶器公道杯（图2-26），又称茶盅、茶海。我国台湾地区的茶人承袭公道杯理念，将公道杯用于茶席中，已经成为茶席上重要的器具。

（a）古代青瓷公道杯　　　　　　　　　（b）古代青花瓷公道杯

图2-26　两种茶器公道杯

（2）公道杯的作用

公道杯的作用是均匀茶汤的浓度、观察汤色以及闻香。行茶中，公道杯把茶汤均分到每个茶杯中，再分给每个品茶人，每只茶杯分到的茶水一样多，保证茶汤口味相同，避免主泡器出汤时出现茶汤前淡后浓的现象，以示"公道"的精神。另外，公道杯还可以在分茶前让茶水散掉一些热度，茶汤喝到嘴里时温度就十分合适。

（3）公道杯的分类

按形制分，公道杯分有柄和无柄两种，如图2-27所示。款式基本上大同小异，只要出水流畅，都算不错的公道杯。

（a）　　　　　　　　　　　　　　　　（b）

图2-27　有柄公道杯和无柄公道杯

按材质分，公道杯有瓷、紫砂、玻璃和银等质地，其中瓷、玻璃质地的公道杯最为常用，如图2-28所示。

（a）白瓷公道杯

（b）紫砂公道杯

（c）玻璃公道杯

（d）银质公道杯

图 2-28　各种质地的公道杯

（4）公道杯的使用技巧

使用公道杯分茶汤有不少礼仪上的讲究，阿拉小茶人一起来了解一下吧。

①拭干底部

公道杯放在茶盘上底部容易沾到水，因此在给客人倒茶前，可以将公道杯在茶巾上"蘸"一下，避免底部滴水，保持茶席干爽清洁，如图 2-29 所示。

②高冲低斟

"高冲低斟"（图 2-30）是行茶较为常用的方法，注水时需要悬壶高冲，意在激发茶香；用公道杯给客人斟茶时，出水低斟靠近杯沿，这样既可以减少香气散失，又能避免溅出茶汤。

图 2-29　公道杯拭干底部

图 2-30　高冲低斟

③敬茶七分

俗话说"酒满敬人，茶满欺人"。茶只倒七分满（图2-31）已经成为茶人的共识，方便客人拿起茶杯而不会烫手，茶量也正好适合小口慢品。

④及时续茶

公道杯中应一直保持有茶的状态，当客人的杯子空了，需尽快续上，如图2-32所示；如果留意到客人杯子中的茶一直没动，就要关心一下客人是否身体不适，或是泡的茶合不合胃口。

图2-31　敬茶七分　　　　　　　　　　　　　　图2-32　及时续茶

⑤忌"交叉越物"

斟茶时注意不能"越物、交叉"。所谓"越物"，即手从其他茶具上方越过，这样容易失手碰倒茶具、衣袖沾湿。所谓"交叉"，即用左手给右侧客人倒茶，用右手给左侧的客人倒茶，这样动作幅度过大，身体容易歪斜，会给人不协调、不美观的视觉感受。如图2-33所示。

（a）错误　　　　　　　　　　　　　　　　（b）正确

图2-33　错误的和正确的倒茶示范

## （二）冲泡要素

阿拉小茶人，泡茶是一个优雅而繁琐的事情，不同的茶对应不同的泡法。所谓万变不离其宗，对于冲泡茶叶来说，三要素就是"宗"。学习了绿茶的知识后，细心的小茶人肯定会记得冲泡三要素：第一是泡茶水温，第二是茶叶用量，第三是冲泡时间。

黄茶冲泡要素如下。

（1）泡茶水温

黄茶原料较为细嫩，不适宜用100℃的沸水冲泡，否则会使茶叶过早烫熟。建议泡黄芽茶和黄小茶水温为85℃—90℃、泡黄大茶水温为95℃左右比较合适，水沸腾后降温冲泡。

（2）茶叶用量

黄茶的玻璃杯泡法，茶水比例一般是1∶50，即常见的150毫升玻璃杯使用3克左右的黄茶，若放置过多，叶底拥挤毫无观赏兴趣，且久泡容易苦涩。如用盖碗冲泡，以120毫升容量盖碗为例，建议投茶量增加至4—5克，茶水比例为1∶30左右，掌握好时间出汤即可。

（3）冲泡时间

黄茶是轻微发酵的茶，与绿茶的特性比较接近，冲泡的时候建议盖碗泡茶，第一道出汤时间15秒左右，接下来每泡在水温稳定的情况下增加10秒左右。

## （三）行茶方法

南宋大才子陆游有言："纸上得来终觉浅，绝知此事要躬行。"这说明了一个道理：习茶要多实践。接下来我们就学习黄茶行茶的具体方法。

### 1. 玻璃杯泡法

黄茶玻璃杯泡法（图2-34）基本与绿茶一致。玻璃杯冲泡的重点是可以欣赏下黄茶尤其是黄芽茶在水中"翩翩起舞"的优美姿态。以会"跳舞"的茶——君山银针为例，品饮讲究在欣赏中饮茶，在饮茶中欣赏。刚冲泡的君山银针是横卧水面的，加上玻璃片盖后，茶芽吸水下沉，芽尖产生气泡，犹如雀舌含珠，又似春笋出土。接着，沉入杯底的直立茶芽在气泡的浮力作用下再次浮升，如此上下沉浮，真是妙不可言。

图2-34 君山银针冲泡后"翩翩起舞"的姿态

## 2.盖碗行茶法

小茶人们，学习了盖碗和公道杯的知识、用法和黄茶冲泡要素后，以蒙顶黄芽茶冲泡为例，让我们一起来实践黄茶盖碗冲泡法吧。

（1）备具

建议准备盖碗、辅助茶具公道杯、品茗杯、茶道六君子或茶则茶针套组、盖置、茶滤网套组、茶叶罐、茶巾、随手泡或陶瓷水壶、水盂、奉茶盘等。黄茶盖碗行茶备具表如表2-1所示。

表2-1 黄茶盖碗行茶备具表

| 器具名称 | 数量 | 质地 |
|---|---|---|
| 盖碗 | 1 | 瓷质 |
| 公道杯 | 1 | 瓷质 |
| 品茗杯 | 4 | 瓷质 |
| 茶道组或茶则三件套 | 1 | 竹制 |
| 盖置 | 1 | 瓷质 |
| 茶滤网套组 | 1 | 瓷质 |
| 茶叶罐 | 1 | 瓷质 |
| 茶巾 | 1 | 棉质 |
| 随手泡或陶瓷水壶 | 1 | 玻璃或者金属 |
| 水盂 | 1 | 瓷质 |
| 奉茶盘 | 1 | 竹制 |

备具（图2-35），建议根据奉茶盘的大小，较大的茶器诸如陶瓷水壶、水盂和盖碗托等可以事先在茶桌席面上放好，茶叶可以在茶则上事先准备好，茶叶罐、茶荷和茶则茶针的布局可以根据实际情况调整。目前除了工夫乌龙泡法需要茶道六君子外，茶则三件套（图2-36）逐渐代替了六君子和茶荷，

图2-35 黄茶盖碗行茶备具

使得茶席布局更加简洁大气。

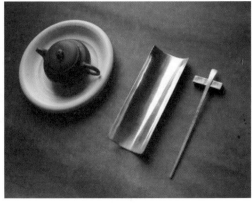

（a）竹制茶则三件套　　　　　　　　　（b）银制茶则三件套

图 2-36　茶则三件套

（2）布具

建议茶席布具，如图 2-37 所示。

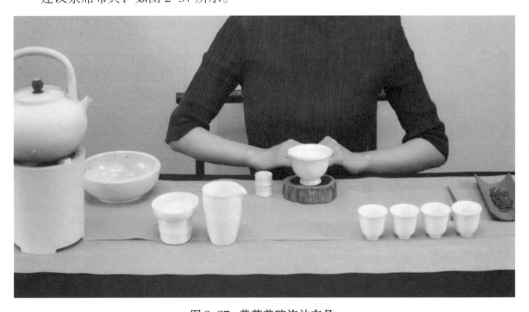

图 2-37　黄茶盖碗泡法布具

（3）流程

建议行茶流程如下：

①赏茶（图 2-38）

在冲泡之前先请客人赏茶，双手托茶荷，手臂弯曲，茶荷置于茶艺师胸口高度，从左至右展示茶叶，并简单介绍蒙顶黄芽的产地、品种、特征等信息。

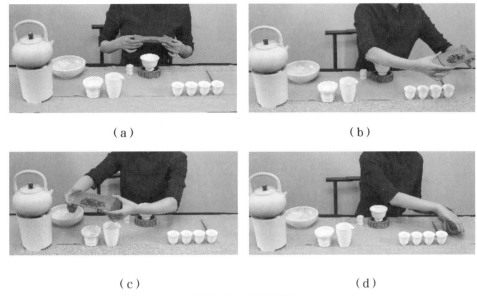

|  |  |
|---|---|
| （a） | （b） |
| （c） | （d） |

图2-38 赏茶步骤

②温碗（图2-39）

盖碗盖反面朝上，水壶注少许开水温盖，用茶拨尖头将盖子反拨回正后，再在茶巾上蘸一下，确保茶拨干燥。

|  |  |
|---|---|
| （a） | （b） |
| （c） | （d） |

图2-39 温碗步骤1

利用盖子上的水温盖碗，右手按照盖碗三指法手法拿住，左手食指和拇指抵住盖碗底部，逆时针方向转动一圈。具体如图2-40所示。

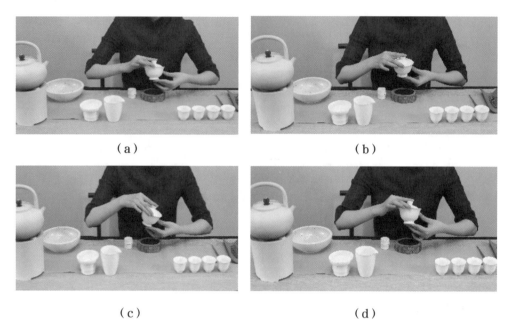

（a）

（b）

（c）

（d）

图 2-40　温碗步骤 2

③温公道杯（图 2-41）

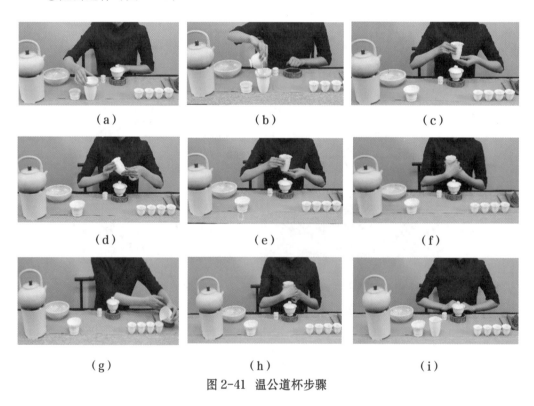

（a）

（b）

（c）

（d）

（e）

（f）

（g）

（h）

（i）

图 2-41　温公道杯步骤

将温盖碗的开水注入盖有滤网的公道杯中，右手握住公道杯逆时针转动温杯；根

据品茗杯在茶席的位置换左手将公道杯的水依次倒入品茗杯,再换右手将公道杯放回。

④凉汤(图2-42)

蒙顶黄芽是芽茶,较为细嫩,水温85℃左右即可。在公道杯中注入约三分之二的沸水,凉汤,具体水量参考盖碗容量。凉汤环节顺序供参考。

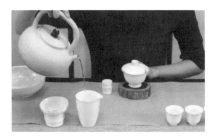

（a）　　　　　　　　　　（b）

图 2-42　凉汤步骤

⑤温品茗杯(图2-43)

依次温品茗杯,注意左右手互换拿杯,将余水倒入水盂后换手放回。

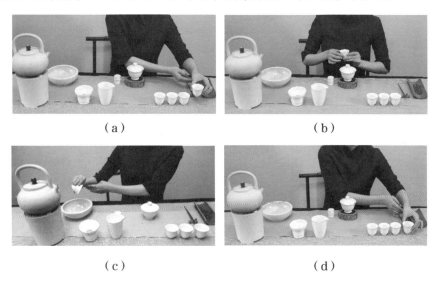

（a）　　　　　　　　　　（b）

（c）　　　　　　　　　　（d）

图 2-43　温品茗杯步骤

⑥置茶(图2-44)

（a）　　　　　　　　　　（b）

（c）

（d）

图2-44 置茶步骤

用三指法取盖放在盖置上；双手取茶荷，交于左手，右手取茶匙将茶叶徐徐拨入盖碗。

⑦摇香（浸润泡，图2-45）

用公道杯低斟注水，此时的水已经稍加冷却，水量以刚浸没茶叶为宜，加盖摇香，参考温碗的手法加快转动盖碗两圈（适用于细嫩绿茶、黄茶和红茶）。

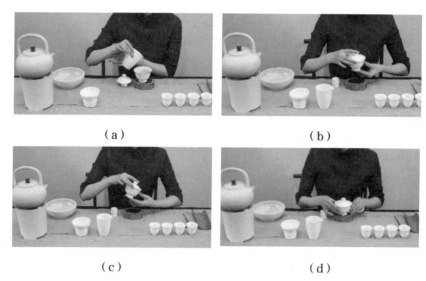

图2-45 摇香步骤

⑧冲泡（图2-46）

建议在盖碗定点低斟注水，至盖碗八分满，细嫩芽茶不建议加盖闷泡。

图2-46 冲泡步骤

⑨出汤（图2-47）

将碗盖斜盖，留出一道缝隙，大小足以出水即可，快速倾倒碗身，将茶汤倒入公道杯内；斟汤前公道杯底压一下茶巾，保持干净，参考公道杯用法，换手依次均匀低斟4杯。

（a）　　　　　　　　　　（b）　　　　　　　　　　（c）

图2-47　出汤步骤

⑩分茶（图2-48）

持公道杯将茶分别倒入品茗杯内；注意参考公道杯用法，根据需要换手持杯。

（a）　　　　　　　　　　（b）　　　　　　　　　　（c）

图2-48　分茶步骤

⑪奉茶（图2-49）

手握品茗杯底部（无杯托），如有杯托则双手捧托奉茶给宾客，面带笑容，行伸掌礼并致意："请品茶。"

（a）　　　　　　　　　　　　　　　　　　（b）

图2-49　奉茶步骤

⑫品饮（图2-50）

茶艺师品茗，可以先观赏茶汤颜色，然后举起杯子，闻一下茶汤香气，再品尝一下茶汤口感，体验品茶乐趣。

（a）　　　　　　　（b）　　　　　　　（c）

图2-50　品饮步骤

⑬收具（图2-51）

取出奉茶盘，把各茶具按"从右往左，从近到远"的顺序依次放入奉茶盘。

（a）　　　　　　　（b）　　　　　　　（c）

图2-51　收具步骤

（4）黄茶茶艺欣赏

扫一扫上方二维码，欣赏黄茶盖碗茶艺表演流程。

 三、赏茶

（一）黄茶鉴赏

阿拉小茶人，我们在学习了黄茶的分类和加工工艺后得知，黄茶的制作工艺接近绿茶，无论是从原料采摘的嫩度还是从加工后茶叶外形来讲，黄茶跟绿茶有着很大的

相似性，因为在干燥过程的前或后，黄茶增加了一道闷黄的重要工序，因此带有明显的"黄汤黄叶"的特点。鉴赏黄茶按照黄茶的分类——黄芽茶、黄小茶和黄大茶顺序进行，选取每一类最有代表性的茶叶，按照评茶"五因子"之干茶外形色泽、茶汤汤色、香气、滋味和叶底顺序进行。

## 1. 干茶

（1）黄芽茶

黄芽茶采用原料细嫩、采摘单芽或一芽一叶初展鲜叶加工而成，它的外形特征及品质特点是单芽挺直，多呈针型或雀舌型，茶匀齐显毫，色泽具有黄茶的明显特点，即干茶芽身金黄、色泽润亮。以君山银针和蒙顶黄芽为例（图2-52），前者外形似针，芽壮挺直，匀整露毫，呈嫩黄色；后者外形扁平挺直，满披白毫，嫩黄匀亮。

（a）　　　　　　　　　　　　（b）

图2-52　君山银针干茶和蒙顶黄芽干茶

（2）黄小茶

黄小茶，是以一芽一叶或一芽 叶初展开叶为原料制成的黄茶，其干茶外形最大特点是呈条形或扁形或兰花形，较匀齐，色泽黄绿。以平阳黄汤为例（图2-53），干茶外形条索细紧，色泽黄绿。

（3）黄大茶

黄大茶，是用一芽多叶或对夹叶的鲜叶为原料制成的黄茶，其典型外形特征是条索卷略松，有茎梗。叶大、梗长，梗壮叶肥；色泽黄褐。霍山黄大茶就是

图2-53　平阳黄汤干茶

黄大茶的典型代表（图2-54），干茶梗壮叶肥，叶片成条，梗叶相连形似钓鱼钩，金黄显褐，色泽油润。

（a）　　　　　　　　　　　　（b）

图 2-54　霍山黄大茶干茶

## 2. 茶汤

对于黄茶而言，由于比绿茶多了一道"闷黄"的工艺，促使冲泡后的黄茶茶汤呈现出"黄汤黄叶"的主要特征，其茶汤呈黄色，香气也趋于甜香，类似香甜的玉米香，滋味醇而回甘。黄茶茶汤特征分类如下。

（1）黄芽茶

黄芽茶汤颜色总体呈杏黄明亮，香气清鲜，滋味鲜醇回甘。君山银针汤色杏黄明净，香气清香浓郁，滋味甘甜醇和；蒙顶黄芽汤色浅杏绿明亮，香气甜香馥郁，滋味鲜爽甘醇。如图 2-55 所示。

（a）　　　　　　　　　　　　（b）

图 2-55　君山银针茶汤和蒙顶黄芽茶汤

（2）黄小茶

黄小茶汤色一般黄明亮，香气清高，滋味醇厚回甘。例如著名黄小茶——平阳黄汤（图 2-56a），汤色杏黄明亮，香高持久，滋味甘醇爽口。

（3）黄大茶

黄大茶汤色深黄明亮，香气纯正、有锅巴香，滋味醇和。例如霍山大黄茶（图2-56b），汤色深黄显褐，香气焦香高爽，滋味浓厚醇和。

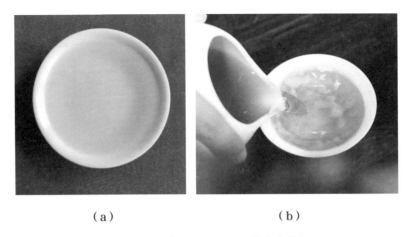

（a）　　　　　　　　　（b）

图 2-56　平阳黄汤茶汤和霍山黄大茶茶汤

## 3. 叶底

由于"闷黄"的工艺，黄茶的叶底也有自身明显的特色——叶底相对显黄。阿拉小茶人在观察黄茶的叶底时，要注意以芽叶肥壮、匀整、黄色鲜亮者为佳。

（1）黄芽茶

黄芽茶的用料都是采用嫩芽，相比绿茶，由于多了闷黄工序叶底相对显黄。因此黄芽茶叶底的总体特征是肥嫩黄亮，芽头明显。例如君山银针叶底黄亮匀齐，蒙顶黄芽叶底黄亮鲜活（图 2-57）。

（a）　　　　　　　　　（b）

图 2-57　君山银针叶底和蒙顶黄芽叶底

（2）黄小茶

黄小茶是芽叶型。在观察叶底时，如果芽叶完整，我们在很多时候把这个叶底形容成朵状，在叶底盘中浸在清水下，像含苞欲放的花朵柔嫩黄亮。例如著名黄小茶——平阳黄汤叶底嫩黄成朵（图 2-58a）。

（3）黄大茶

黄大茶由于用料等级相对较低，叶茎梗明显，叶底尚软黄尚亮有茎梗。例如霍山

黄大茶叶底黄中显褐，茎梗明显（图 2-58b）。

（a）　　　　　　　　　　　　　（b）

图 2-58　平阳黄汤叶底和霍山黄大茶叶底

【填一填】

请阿拉小茶人总结一下黄茶赏茶知识，参考第一条写法，填好表 2-2。

表 2-2　黄茶鉴赏一览表

| 分　类 | 知名代表 | 干　茶 | 茶　汤 | | | 叶　底 |
| --- | --- | --- | --- | --- | --- | --- |
| | | | 汤　色 | 香　气 | 滋　味 | |
| 黄芽茶 | 君山银针 | 芽壮挺直 匀整露毫 呈嫩黄色 | 杏黄明净 | 清香浓郁 | 甘甜醇和 | 黄亮匀齐 |
| | | | | | | |
| 黄小茶 | | | | | | |
| 黄大茶 | | | | | | |

参考答案，请扫一扫上方的二维码。

## （二）茶席欣赏

茶席设计是一门艺术，而茶，是茶席设计的灵魂，也是茶席设计的艺术基础。作为习茶之人、茶席的设计者，阿拉小茶人应该了解茶、爱茶，只有全身心地爱茶，才能设计出富有茶文化内涵和茶道精神的茶席。

茶有绿、红、黄、白、黑等色，正是色彩的构成基色。以各色茶为主题设计茶席，来体现茶之香、之味、之性、之情、之意、之境，无不给人以美的享受。在布置以茶类为主题的茶席时，需要掌握所泡茶品的两大特征：茶品特征和特性。以蒙顶黄芽为例，其茶品产地蒙顶山的自然景观、人文风情、制茶工艺和品饮习惯等产地特征；"黄叶黄汤""群芽起舞"的外形特征；适合春夏饮用、偏寒凉的茶品特性，能够为黄茶特色的茶席设计提供主要参考方向。另外，在黄茶茶席设计里还可以考虑色彩与季节的合理搭配，同一款茶在不同季节里的茶席，既可以体现季节的变化，又可以突出茶品的特性。接下来以黄茶为例，欣赏黄茶基础茶席设计。

## 1. 茶席主题：绿中品黄

黄茶茶席，如图 2-59 所示。

图 2-59　黄茶茶席

## 2. 主题阐述

黄茶，是一次偶遇。炒青绿茶中的妙手偶得，造就了黄叶黄汤的魅力。从绿到黄的转变，承载着时间的力量，凝聚着温暖的匠心。饮黄茶，最爱黄茶舞，但见那细嫩的茶芽，根根竖立，时升时降，舞于碗中，充满了力量。几番沉浮，终归平静，融入茶汤，只留浓醇在口中。初夏时节，于碧绿中品一道黄芽，感受绿茶的妙变，感悟人生的真谛！

## 3. 茶席特色

茶品选择浙江的莫干黄芽，茶具选用玻璃盖碗加白瓷品茗杯的组合，盖碗泡茶，

分杯饮用，玻璃盖碗既可以欣赏黄芽的舞蹈，又摆脱了玻璃杯的单调，更能衬托黄茶一芽一叶的娇嫩。白瓷品茗杯亦能很好地体现黄茶的滋味。百搭的藏青茶席底布、搭配碧绿过渡到金黄的茶旗铺设、绿叶配小黄花的绿植点缀，寓意绿茶炒制中偶得黄茶之意。整体茶席简洁自然，色彩搭配合理，突出茶品的特性。如图 2-60 所示。

（a）

（b）

图 2-60 茶席特色

### 4.一展身手

请阿拉小茶人参考以上创新茶席设计来自主设计一个黄茶茶席，并拍照上传"阿拉的一方茶席"。通过扫一扫下方的二维码查看和上传照片。

## （三）茶书品赏

阿拉小茶人，北宋大文豪欧阳修有云："立身以立学为先，立学以读书为本。"我们习茶，茶学经典著作的诵读更是必不可少。经典的茶书能够帮助小茶人更好地学习茶文化。当然，好的茶书很多，在这里老师推荐 4 本茶书给小茶人品读和珍藏。

### 1.《茶经》

《茶经》（图 2-61）是中国乃至世界现存最早、最完整、最全面介绍茶的第一部专著，被誉为茶叶百科全书，为唐代陆羽所著。《茶经》在唐代中期的问世，距今已有 1200 多年的历史，此书一出，轰动天下。陆羽也被尊崇为"茶圣"。

《茶经》是关于茶叶生产的历史、源流、现状、生产技术以及饮茶技艺、茶道原理的综合性论著，是划时代的茶学专著，精辟的农学著作，阐述茶文化的书。《茶经》开创性地将普通茶事升格为一种美妙的文化艺术，推动了中国茶文化的发展。阿拉小

茶人诵读茶经，既可以学习茶文化，又可以提升古文水平，可谓一举两得。

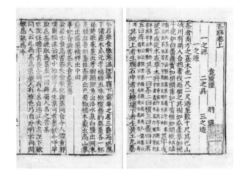

图 2-61 《茶经》

## 2.《大观茶论》

《大观茶论》（图 2-62），成书于北宋大观元年（1107），由宋徽宗赵佶（图 2-63）所著。它是一本重要的茶学著作，同时也是世界上唯一一本由皇帝书写的茶叶著作。全书共二十篇，对北宋时期蒸青团茶的产地、采制、烹试、品质、斗茶风尚等均有详细记述。其中"点茶"一篇，见解精辟，论述深刻。《大观茶论》反映了北宋以来我国茶业的发达程度和制茶技术的发展状况。

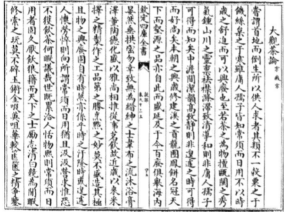

图 2-62 《大观茶论》局部　　　　　图 2-63 宋徽宗赵佶

《大观茶论》自问世以来，影响力和传播力非常巨大，不仅积极地促进了中国茶业的发展，同时也极大地推进了中国茶文化的发展，使得宋代成为中国茶文化的重要时期。如果说《茶经》帮助我们了解了唐代的茶文化，那么《大观茶论》也为我们认识宋代茶文化留下了珍贵的文献资料。

## 3.《茶文化与茶健康》

《茶文化与茶健康》全书（图 2-64）浓缩了在大学网络公开课连续 16 周雄踞人

气榜首、4月次点击量第一的同名网络课程的内容精华。课程主讲人是浙江大学茶学系教授王岳飞博士（图2-65）。王老师被亲切地称为茶界"男神"，他讲课风趣幽默，通俗易懂。《茶文化与茶健康》由王岳飞老师及浙大徐平老师历时一年半的时间，根据网络课程内容修改写作而成，相比于同名网络人气课程有更多专题内容及图片。整本书的内容经著名茶专家杨贤强教授逐字逐句审读定稿，许茶一辈子的著名茶学家、茶树育种栽培专家刘祖生教授作序推荐，多家茶企与茶文化公司将《茶文化与茶健康》视为茶人知识进阶图书，是一本内容严谨准确、行文易懂可读的真正的茶书。

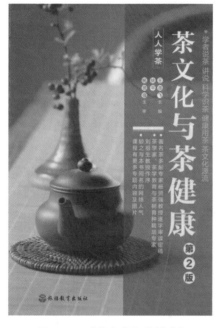

图 2-64　《茶文化与茶健康》

图 2-65　王岳飞教授

扫一扫上方二维码，观看茶界"男神"王老师的公开课，

相信会有更大的收获。

### 4.《日日是好日》

　　《日日是好日》（图2-66）是日本茶道大家森下典子茶道修行日记，书中详尽细致地描述了茶道的美妙与禅意——行茶、分茶、碗泡、传杯、清壶的茶事美学。森下典子是日本茶道大家，她从20岁开始，修习茶道25年，迄今仍在持续学习。该书在日本流传了20多年，是公认的"茶道心灵圣经"，是懂茶、惜茶之人不可错过的一本好书。

《日日是好日》作者分享给大家于茶道中感悟出的生命智慧："理由并不重要，重要的是照着做。茶道就是这样。""马上做，不要思考。手自然知道，听手的感觉行事。""不需思索，指尖自然就反射了内心的情绪，手随心动。"

《日日是好日》在2018年被改编成同名电影在日本上映，如图2-67所示。电影讲述了20岁的女大学生典子对前途陷入迷茫。经母亲的推荐，与表姐一起学习茶道。本来没把这当回事的她，在严谨的武田老师指导下接触了茶道世界。通过一段时间的学习体会，对茶道一无所知的典子慢慢地体会到了"负重若轻""先形后心"这样的道理，逐渐明白了茶室上"日日是好日"的真正含义。

图2-66 《日日是好日》封面　　　　图2-67 《日日是好日》同名电影画面

阿拉小茶人，在生活忙碌之时，可以停下来饮一杯茶，喝出人生与幸福。请记住书中的经典名言：迷茫时，饮一杯茶；心累时，饮一杯茶；痛苦时，饮一杯茶，沉浸在茶的清香中，心境已然不同！

扫一扫上方二维码，欣赏《日日是好日》同名电影，

相信会有更大的收获。

 四、事茶

雅安特色茶艺——"龙行十八式"欣赏

雅安蒙顶山是黄芽的故乡。俗话说，好马配好鞍，好茶也需要有好茶艺来展示。除了黄茶之外，雅安蒙顶山还有一个令人惊叹的茶艺表演——"龙行十八式"，如图

2-68 所示。

（a）　　　　　　　　（b）

**图 2-68　龙行十八式**

　　"龙行十八式"茶技，是指蒙顶山"禅茶"中所独创的十八道献茶技艺，相传是由北宋高僧禅惠大师在蒙顶山结庐清修时所创，被誉为"中国茶道艺术的活化石"。蒙顶山长嘴壶茶技"龙行十八式"属刚健派，与传统追求静穆优雅的茶道艺术相异其趣，表现出一种刚健向上的艺术风格，以阳刚之美独树一帜，成为古今茶文化中一道绝无仅有的独特景观。虽说是刚健派，却也有小茶人在传承哦。你能想到吗，目前全球年龄最小的"龙行十八式"茶艺传习者是刘芯瑜小朋友，今年7岁，是十八式传承人刘绪敏的女儿。小茶人们，大家想学吗，不妨拿起铜壶，跟着下面茶艺表演里的小茶人一招一式进行学习吧，如图2-69所示。

（a）　　　　　　　　（b）

**图 2-69　小茶人的表演**

扫一扫上方二维码，
看一看小茶人的"龙行十八式"茶艺表演。

## 五、茶与生活

小手工：巧手制茶包

阿拉小茶人，茶叶具有强烈吸收异味的功能，同时具有清清的茶香，随身携带可起到防潮、去臭、清香的功能。我们利用茶叶这个特性，可以制作各类简易茶包，在生活中加以应用，例如：枕头茶包、汽车上挂的小茶包、手机上的小挂件，家中厕所和冰箱中除臭茶包等。此外，还可以在淘宝上采购各种精致的小丝袋，或者自己DIY小布袋把茶包做得漂漂亮亮的。接下来，阿拉小茶人可以参考互联网上小姐姐的做法来制作简易茶包。

### 1. 所用材料

泡好晒干的茶叶或者茶叶碎末、厚餐巾纸或者棉纸、棉布、小丝袋等。

### 2. 制作步骤

制作步骤，如图 2-70 所示。

（a）将泡完的茶叶拧干或者自然晾干

（b）准备好棉布和厚纸巾

（c）取适量干燥后的茶叶放在纸巾上

（d）将茶叶包裹起来

（e）简易小茶包就做好了

（f）把简易小茶包放入精致小丝袋，会更漂亮哦

图2-70 制作步骤

## 六、巩固拓展

（一）练一练

1.判断：西湖龙井茶属于黄茶吗？（　　）

2.多项选择：下列属于黄芽茶的黄茶有（　　）。

　　A.蒙顶黄芽　　　　B.平阳黄汤　　　C.霍山黄大茶　　　D.君山银针　　　E.黄山毛峰

（二）选一选

　　以下哪几种茶具适合冲泡黄茶，请在下面括号打钩。

　　　（　　）　　　　　　（　　）　　　　　　（　　）　　　　　　　（　　）

（三）连一连

　　将下列黄茶和产地连起来。

　　　　　　1.莫干黄芽　　　　　　　　　四川

　　　　　　2.君山银针　　　　　　　　　浙江

　　　　　　3.蒙顶黄芽　　　　　　　　　安徽

　　　　　　4.霍山黄芽　　　　　　　　　湖南

（四）辨一辨

缙云黄茶（图2-71），是黄茶吗？

（a）　　　　　　　　　　　（b）

图 2-71　缙云黄茶

缙云黄茶，外形色泽，金黄透绿，光润匀净；汤色，鹅黄隐绿，清澈明亮；叶底，玉黄含绿，鲜亮舒展；滋味，清鲜柔和，爽口醇和；香气，清香高锐，独特持久；制作工艺经过杀青、揉捻和炒青干燥。请大家思考，结合本站所学黄茶制作工艺，判断此茶是不是属于黄茶并说明理由。请在方框内回答。

欲知答案如何，请扫一扫上方二维码。

欲了解更多缙云黄茶知识，请扫一扫上方二维码。

# 第三站　走进白茶

## 引言：白茶的传说

扫一扫上方二维码，
听一听白茶录音。

白茶，作为我国六大茶类之一，目前越来越受到人们的欢迎，这与白茶神奇的药效密不可分。关于白茶，目前最有名的当属福鼎白茶。世界白茶在中国，中国白茶在福鼎。福鼎白茶有着悠久的历史，自然也有着众多的传说。接下来，就跟大家讲讲福鼎白茶的传说。

相传尧帝时，太姥山下

图 3-1　太姥山

（图 3-1）一农家女子，因避战乱，逃至山中，以种兰为业，乐善好施，人称蓝姑。那年太姥山周围麻疹盛行，乡亲们三五成群地上山采草药为孩子治病，但都徒劳无功，病魔夺去了一个又一个幼小的生命。蓝姑那颗仁慈的心在流血。

一天夜里，蓝姑在睡梦中见到南极仙翁。仙翁发话："蓝姑，在你栖息的鸿雪洞顶，有一株树，名叫白茶，它的叶子晒干后泡开水喝，是治疗麻疹的良药。"蓝姑一觉醒来，当即趁月色攀上鸿雪洞顶，发现榛莽之中有一株与众不同、亭亭玉立的小树，这便是仙翁赐予的采之不尽的白茶树。为了普救困苦的农家孩子，蓝姑拼命地采茶、晒

茶，然后把茶叶送到每个山村，教乡亲们怎样泡茶给出麻疹的孩子喝，最后总算战胜了麻疹恶魔。蓝姑从没有停止过对穷户的帮助，晚年遇仙人指点，于阴历七月七日羽化升天，人们思念她，尊之为太姥娘娘。

 **一、识茶**

## （一）热身活动：茶字由来

茶，这个字在古代有很多种名称。比如，在《神农本草》中的"荼"字，就是茶的意思。陆羽的《茶经》中，也归纳了唐代以前人们对茶的几种称呼："其名，一曰茶，二曰槚，三曰蔎，四曰茗，五曰荈。"也正是由于茶圣陆羽的这本传世著作，将"茶"的形、音、义确定下来并流传开来。

请阿拉小茶人拿起你手中的笔，分解一下茶字，猜猜它代表着阿拉伯数字的几？如果在爷爷的寿宴上，小明祝爷爷茶寿，请问爷爷几岁了呢？

## （二）白茶分布

**1. 认产区**

在了解了"茶"字的演变后，接下来我们来探究一下白茶生长所能适应的生态环

境。白茶，主产于福建省，属于华南茶区，主产区有福鼎、政和、建阳、松溪等。它属轻微发酵茶，采用满披白色茸毛的茶树品种（主要有福鼎大白茶、福鼎大毫茶、政和大白茶等）的鲜叶为原料，不炒不揉，特制成外表披满白毫，呈现白色的白茶。

## 2. 画地图

请阿拉小茶人根据上面的介绍，在空白的中国地图（图3-2）上给白茶的产区填色。

**中国地图**

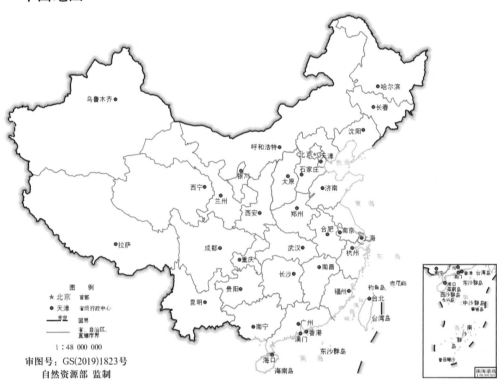

图 3-2　中国行政区划图

（三）名茶介绍

白茶在中国的六大茶类中并非大门大派，但它历史悠久、传承有序、文化厚重、工艺精湛、科学健康。从神农时代的神秘一叶，到西北宋吕氏宗族墓葬"白茶"的出土；从陆羽《茶经》的出典，到两宋北苑的珍品；从明代《煮泉小品》中的精微高雅，到晚清福鼎茶叶家族的商业帝国……白茶一路走来，从小门小派发展到六大基本茶类之一，如今又迎来了最好的时代。白茶的种类虽然不多，却各具魅力。下面就来了解

一下这些独具匠心的白茶中的佼佼者吧。

## 1. 白毫银针

传闻在英国女皇伊丽莎白的下午茶茶壶中，除了红茶外，还要在红茶上加入少许来自中国福建珍贵的白毫银针，不仅增添茶汤的香气与滋味，也使得红汤银叶相映成趣，更显品位。白毫银针无疑是白茶中最具代表性的一款佳茗。

中国十大传统名茶之一的白毫银针，创制于1796年，是以大白茶或水仙茶树品种的单芽为原料，经萎凋、干燥、拣剔等特定工艺过程制成的白茶产品，素有茶中"美女""茶王"之美称。白毫银针根据产区不同，分为北路银针和南路银针（也称西路银针），其中福鼎产的白毫银针称为北路银针，政和产的白毫银针称为南路银针。

白毫银针的外观特征挺直似针，满披白毫，如银似雪。由于鲜叶原来全部是茶芽，白毫银针制成成品茶后，形状似针，白毫密被，色白如银，因此命名为白毫银针。其针状成品茶，长约3厘米。

白毫银针（图3-3）是白茶品类中等级最高的极其珍贵的白茶，成就其高贵的原因有很多，主要原因在于其采摘及制作讲究季节性，一般于清明前后进行人工采摘，采摘时间短，产量有限，采摘要求极其严格，有"十不采"标准，规定：雨天不采，露水未干不采，细瘦芽不采，紫色芽头不采，风伤芽不采，人为损伤芽不采，虫伤芽不采，开心芽不采，空心芽不采，病态芽不采。当然白毫银针内含功能性成分具有一定的茶疗功效。早在20世纪60年代到70年代末，福建每年要为同仁堂供应定量（50千克）的白毫银针作为一种重要的药引。另外其还富含茶氨酸和多元酚等活性成分，作为香奈儿10号配方中的核心成分，其舒缓、镇定、强韧的三重功效被充分挖掘和利用。

图3-3　白毫银针

## 2. 白牡丹

白牡丹（图3-4），白茶的一个品种。虽借了牡丹花之名，却少有雍容华贵而更

具质朴淡雅，自然洒脱。白牡丹比白毫银针采摘稍晚，又比寿眉稍早。此时其内含物质已经逐渐丰富，兼具了白毫银针的清鲜毫香和寿眉的甘甜醇爽。

白牡丹是以大白茶或水仙茶树品种的一芽一叶、一芽二叶为原料，经萎凋、干燥、拣剔等特定工艺过程而制成的白茶产品。它的外形匀整，芽形似花朵，非常像初放的花蕾，故名白牡丹。绿叶夹银色白毫，虽不及银针那样肥硕别致，但依然芽毫显露，面绿底白，也称"青天白地"，且叶面、叶脉、节间枝梗色泽有别，即色呈"绿叶红筋"，因而又以"红妆素裹"来形容；香气醇爽有毫香，滋味清甜醇爽，毫味足，汤色浅黄，清澈明亮，叶底毫心多，叶张肥嫩明亮，叶脉微泛红。

此外，因其特殊的口感和质感，白牡丹茶被星巴克看中，中式星巴克原叶茶就有白牡丹茶。星巴克白牡丹茶在官网上，热门指数高达四星。其官网介绍如下：因为白茶多为芽头，满披白毫，所以得名白茶。白牡丹为白茶中的珍品，因为茶的绿叶夹银白色的毫心，形状好似花朵。冲泡后绿茶衬托银毫，宛如牡丹的蓓蕾初放，故称"白牡丹"茶。白牡丹为清凉茶，具有清凉降暑、解毒清热的功效。

图 3-4　白牡丹

## 3. 老白茶

近些年，茶人们常听到这样的说法："老白茶（图 3-5）是个宝，喝了病毒全赶跑。"

图 3-5　老白茶

只要有白茶的地方，"一年为茶，三年为药，七年为宝"这句话便会高频率地出现。那么老白茶究竟是什么呢？为什么会被人们奉为宝呢？

老白茶，俗称陈白茶，是指在自然状态下存放了一些年份的白茶，一般陈放三年以上的白茶才能称为老白茶，包括老银针、老牡丹、老寿眉，但是从严格意义上来说，"老"白茶至少应该存放七年，才能有"老相"。其原理是白茶经过陈放之后，其多酚类物质不断氧化，转化为更高含量的黄酮等成分。研究表明，黄酮具有降血脂、降血压、抗氧化、抗衰老、美容、抗癌、缓解高原反应等功效。

## （四）制作工艺

白茶，制作工艺比较简单，但不容易掌控，要求茶多酚轻度且缓慢地氧化，形成汤色清淡、叶底嫩白、滋味鲜醇的品质。著名的白茶有白毫银针、白牡丹等。具体制茶工艺为萎凋和干燥。

### 1. 白茶的工序

白茶的制作（图3-6）要从鲜叶的采摘开始，根据不同品种，采摘要求也各不相同。白毫银针要求最高，以芽头肥壮、白毫显露的单芽作为原料；白牡丹次之，以一芽一叶、一芽二叶为原料；贡眉、寿眉的采摘要求相对更低，有芽有叶，不带对夹叶就行。

（a）采摘　　　　　　（b）萎凋　　　　　　（c）干燥

图3-6　白茶的制作

萎凋是形成白茶特有品质的关键。鲜叶采摘后必须及时萎凋，摊叶要轻快均匀。将鲜叶薄摊在水筛内，然后放在通风的地方进行缓慢的萎凋，直至八分干左右。

干燥（日晒或烘干）的过程，起着巩固和进一步发展萎凋过程中所形成有益成分的作用，干燥多用烘焙的方法进行。萎凋至八分干的叶片，品质已基本确定，烘焙可排除多余的水分，使毛茶达到适宜的干度，青气与苦涩味的物质进一步转化形成香气。当然也可以直接暴晒在日光下，直到足干。

扫一扫上方二维码，揭秘白茶的制作过程。

## 2. 白茶的分类

白茶是福建的特种茶，主要产区有福鼎、政和、建阳、松溪等。根据不同的茶树品种或芽叶来区别，可分为白毫银针、白牡丹、贡眉、寿眉等。

（1）白毫银针

白毫银针（图3-7）属中国十大传统名茶之一，是以大毫、大白和水仙白茶树品种的单芽为原料，经过萎凋、干燥、拣剔等特定工艺过程制作而成。根据产区不同，其可细分为北路银针（福鼎产）和南路银针（政和产）。它的品质特征为：干茶外形芽头肥壮、匀齐，茸毛厚，满披白毫，富有光泽，形似银针，香气清纯，毫香显露，茶汤滋味清鲜醇爽、毫味足，汤色为浅杏黄色、清澈明亮，叶底肥壮、软嫩、明亮。

图 3-7　白毫银针

（2）白牡丹

白牡丹是（图3-8）以大毫、小毫、大白和水仙白茶树品种的一芽一叶、一芽二叶为原料，经过萎凋、干燥、拣剔等特定工艺过程制作而成。它以绿叶夹银色白毫，芽形似花朵，冲泡之后绿叶托着嫩芽，宛若蓓蕾初开，故名白牡丹。

图 3-8　白牡丹

（3）贡眉

贡眉（图3-9）是以群体种茶树品种的嫩梢为原料，它形似牡丹，但形体偏瘦小，叶色灰绿带黄，品质次于白牡丹、高于寿眉。贡眉分为一级贡眉、二级贡眉、三级贡眉、四级贡眉。贡眉对原料的要求是一芽二叶、一芽三叶，茶青低于牡丹，原料需要有嫩芽、壮芽、叶，注意叶不能有对夹叶。

图 3-9　贡眉

（4）寿眉

寿眉（图3-10）产地为福建福鼎、建阳、建瓯、浦城等，是以小白、菜茶、水仙或群体种茶树品种的嫩梢或叶片为原料，经萎凋、干燥、拣剔等特定工艺过程制成的白茶产品，因其形状酷似老人眉而得名。

寿眉的外形很不起眼，干茶形状自然，稍有卷曲，所有的样子都是天成，没有刻意的揉捻和做形，甚至会被看成是扫起来的落叶。它的干茶茶色以灰绿色为主，冲泡后是翠绿。茶汤一般是浅琥珀色，洁净而透明的黄，香气以草香为主，夹着果香和太阳的气息。

图 3-10　寿眉

（5）新工艺白茶

新工艺白茶（图 3-11）是产于福建福鼎的半条形白茶，是福建省为了适应在香港地区消费者的需要于 1986 年研制出的新产品。鲜叶原料与制法同"贡眉"，但在萎凋后需要轻度揉捻。新工艺白茶经冲泡后，由于发酵程度比传统白茶重，汤色更深一些，冲泡时间长一些，汤色显橙红色，而传统白茶一般呈黄绿、杏绿或深黄色。新工艺白茶的茶汤口感更为醇厚、柔和，但却达不到老白茶带来的岁月陈香。

图 3-11　新工艺白茶

#  二、行茶

阿拉小茶人，了解了白茶的前世今生后，现在是不是很想动手冲泡一杯白茶呢？

## （一）茶器选择

想泡一杯好的茶，要学会先给茶看个"面相"。深入了解茶叶的特征是泡好茶的基础，然后根据茶的特性选择合适的茶器（图 3-12），才能将茶以最佳的姿态重生。"水为茶之母，器为茶之父"，在选配泡茶茶器时，还要体现"精行俭德"的茶道思想，以简单、素雅为宜。

对冲泡白茶所用器具的选择一般因茶而异，新的白毫银针和白牡丹冲泡器具多会选择玻璃杯和瓷质的泡茶器。冲泡新寿眉的茶具建议用白瓷或青瓷所制的盖碗或壶，用

图 3-12　茶器

朱泥的紫砂壶也是不错的选择。而老白茶则适合用煮泡茶器，如紫砂壶、陶壶、白瓷壶。

## 1. 主泡器具

（1）白瓷壶

冲泡白茶（以白瓷壶泡法为例）的主泡器具是指泡茶使用的主要冲泡用具，包括白瓷壶（图3-13）。用同为福建特产的德化白瓷壶来冲泡老白茶，可谓相得益彰。

瓷中亦有颜如玉，德化瓷，温润的中国白。德化是中国三大古瓷都之一，与江西景德镇和广东潮州齐名，是闽南泉州的一座小山城，地处"闽中屋脊"戴云山脚下，山水藏灵气，古人称"天下无山高戴云"。以1300℃—1400℃烧成的德化瓷器具有白度好，光泽度高，热稳定性强，机械强度大，耐温、耐压、耐磨、耐腐蚀等白瓷理化特色，还有釉色纯净温润、致密度高、透光度好等理化特色。

图3-13 白瓷壶

## 2. 辅助茶具

（1）壶承

壶承（图3-14），隐去浮华，承载他人，主要是作为承载包容主泡茶器的容器。日常使用中，壶承更多地用以承载茶壶，包括紫砂壶、白瓷壶、盖碗等等。在茶席的布置中，壶承主要起功能性作用，增添茶席的整体美观，避免茶壶或盖碗沉浸在水淋淋的环境中，保持茶席的干净、整洁。

（a）　　　　　　　　　（b）

图3-14 壶承

壶承的兴起，借鉴于工夫茶使用的茶盘，又因"干泡法"的流行而促进繁荣。壶承在使用过程中，往往在壶与壶承之间放上一片丝瓜络或竹编物作为垫。用丝瓜络的好处在于不易生异味，形状也可根据壶底的形状进行随意裁剪。总之，在生活中，我们所见的壶承大小不一，造型各异，合理使用对提升茶席的美感有很大的作用。

（2）品茗杯

品茗杯是品茶及观赏茶汤的专用茶杯，杯体为圆筒状或直径有变化的流线形状，其大小、质地、造型等种类众多、品相各异，可根据整体搭配或个人喜好进行选用。现今比较有名且受欢迎的品茗杯有鸡缸杯、斗笠杯、建盏等。

鸡缸杯（图3-15），也称成化斗彩鸡缸杯，是汉族传统陶瓷中的艺术珍品，属于明代成化皇帝的御用酒杯。是在直径约8厘米的撇口卧足碗外壁上，先用青花细线淡描出纹饰的轮廓线后，上釉入窑经1300℃左右的高温烧成胎体，再用红、绿、黄等色填满预留的青花纹饰中二次入窑低温焙烧。外壁以牡丹湖石和兰草湖石将画面分成两组，一组绘雄鸡昂首傲视，一雌

图3-15 鸡缸杯

鸡与一小鸡在啄食一蜈蚣，另有两只小鸡玩逐；另一组绘一雄鸡引颈啼鸣，一雌鸡与三小鸡啄食一蜈蚣，画面形象生动，情趣盎然。现今在市面上的多为仿制的鸡缸杯。

斗笠杯（图3-16），被称作历史最悠久的茶杯。斗笠，是一种古老的挡雨遮阳的器具，早在《诗经》中便有"何蓑何笠"的句子，在现今的山村水乡仍可见。茶农采茶时便常头戴斗笠、腰拴竹筐。斗笠杯，形如蓑翁之斗笠，口部大，底足小，杯身的线条极为简雅，大开大合的线条表达着粗放淳朴的民风。虽然式样单一，但有青瓷、彩瓷、粗陶、紫砂等丰富的材质，其中汝窑的斗笠杯较为有名。

图3-16 斗笠杯

建盏（图3-17），是汉族传统名瓷，福建省南平市建阳区特产，中国国家地理标志产品。由于建窑黑瓷中的建盏胎体厚重，胎内蕴含细小气孔，利于茶汤的保温，适合斗茶的需求。所以，其在宋代被称为最上乘的茶具之一。建盏为黑釉茶盏，按釉面纹理分为兔毫、油滴及其他纹理（鹧鸪斑、乌金、曜变和杂色釉）。建盏多是口大底小，有的形如漏斗；且多为圈足且圈足较浅，足根往往有修刀（俗称倒角），足底面稍外斜；少数为实足（主要为小圆碗类）。造型古朴浑厚，手感普遍较沉。建盏分为敞口、撇口、敛口和束口四大类，每类分大、中、小型；小圆碗归入小型敛口碗类。敞口碗，口沿外撇，尖圆唇，腹壁斜直或微弧，腹较浅，腹下内收，浅圈足，形如漏斗状，俗称"斗笠碗"。

（a） （b）

图 3-17 建盏

用白瓷壶泡白茶，还需要用到的辅助茶具有煮水壶、公道杯、水盂、茶叶罐、茶荷、花器、杯垫、茶巾、茶则。

## （二）冲泡要素

选定好茶器后，那么要注意的就是泡茶之道了。这里的泡茶之道，除了以前讲过的泡茶三要素：泡茶水温、茶叶用量和茶叶浸泡时间外，还需要另加一个，那便是人。人是冲泡的主体，把握冲泡的入水力度，如果入水的力度大，水流急，冲泡出来的茶味相对来说滋味浓烈一些；如果缓缓贴壁入水，则茶汤的滋味要柔和些清淡些。只有将这四个要素恰到好处地结合起来，才能泡出一杯浓淡相宜的茶汤。下面以老白茶为例，来具体分解一下冲泡的各个要素。

### 1. 泡茶水温

以白瓷壶泡法为例，一般白茶投入白瓷壶后，用90℃热水温润闻香，然后用100℃开水闷泡。如果冲泡的是银针，则水温以75℃—90℃为好。另所有白茶均可0℃冷泡。

### 2. 茶叶用量

具体茶叶用量以饮用人数以及壶量的多少来定，一般三五好友品饮，取5—7克白茶投入白瓷壶即可。

### 3. 冲泡时间

一般45—60秒就可出水品饮，这样可以品到清纯中带醇厚的茶味。

## （三）行茶方法

阿拉小茶人，掌握了泡茶技巧后，就来动动手实践一下吧。

## 1. 备具

建议准备茶席、4个白瓷杯、4个杯垫、一个白瓷壶、茶则、茶叶罐、公道杯、茶巾、煮水壶、水盂。白茶白瓷壶泡法备具表，如表3-1所示。

表3-1 白茶白瓷壶泡法备具表

| 器具名称 | 数量 | 质地 |
|---|---|---|
| 茶席 | 1 | 棉麻 |
| 白瓷杯 | 4 | 德化白瓷 |
| 杯垫 | 4 | 竹制或金属 |
| 白瓷壶 | 1 | 德化白瓷 |
| 茶则 | 1 | 竹制 |
| 茶叶罐 | 1 | 陶瓷或玻璃或锡制 |
| 公道杯 | 1 | 德化白瓷 |
| 茶巾 | 1 | 棉质 |
| 煮水壶 | 1 | 铁制 |
| 水盂 | 1 | 德化白瓷 |

茶盘布具如图3-18所示。

图3-18 茶盘布具

（1）备具：适合三五人品饮的德化白瓷壶，壶口适中，公道杯一只，茶则一只等放置于茶席上。

（2）备水：建议选用海拔较高的矿泉水，这样的水张力大，可以把茶的味道都激发出来，让老白茶在煮泡过程中尽显茶味，茶汤也会醇厚而味浓。

（3）布具：用双手将器具一一布置好。女性在泡茶过程中强调用双手做动作，一来显得稳重，二来表敬意；男性泡茶为显大方，可用单手。

## 2. 流程

赏茶——温壶——置茶——温润——注水——出汤——分杯——闻香——品饮。

（1）赏茶（图3-19）：将干茶置入茶荷内，请客人赏茶。

（a）　　　　　　　　　　（b）　　　　　　　　　　（c）

图3-19　赏茶

（2）温壶（温杯，图3-20）：将沸水注入壶内，让壶身温度提高，实现温壶。

（a）　　　　　　　　　　（b）　　　　　　　　　　（c）

（d）　　　　　　　　　　（e）　　　　　　　　　　（f）

图3-20　温壶

（3）置茶（图3-21）：将茶荷里的茶拨进壶内，一般5—7克。

（a）　　　　　　　　　　（b）　　　　　　　　　　（c）

图3-21　置茶

（4）温润（图3-22）：轻轻冲入滚水，将茶浸湿，并将洗茶水倒出。。

（a）　　　　　　　　　（b）　　　　　　　　　（c）

图3-22　温润

（5）注水（图3-23）：高冲入滚水。

图3-23　注水

（6）出汤（图3-24）：快速倒出壶里的茶汤，入公道杯。

（a）　　　　　　　　　（b）　　　　　　　　　（c）

图3-24　出汤

（7）分杯（图3-25）：将公道杯内的茶汤均匀地分到每人的品茗杯里。

（a）　　　　　　　　　（b）　　　　　　　　　（c）

图3-25　分杯

（8）闻香：端杯至唇边，茶香入鼻，深吸品茶香。

（9）品饮：小口啜饮为宜，汤入口，再轻吸气入口，让茶在口内做旋转状，让每一个味蕾都接触到茶汤。

### 3. 欣赏

扫一扫上方二维码，欣赏白茶瓷壶泡法茶艺表演流程。

 三、赏茶

茶叶感官审评，是通过人的感官（如视觉、嗅觉、味觉、触觉）对茶叶的形状、色泽、香气及滋味进行品质鉴定的过程，是确定茶叶品质优次和级别高低的主要方法。白茶使用五项评茶法，即审评内容分为"外形、汤色、香气、滋味和叶底"五项因子，经过干评（外形）、湿评（内质）后得出结论。接下来，根据白茶的不同分类，来鉴赏几种有代表性的白茶。

## （一）白茶鉴赏

### 1. 外形

干评外形要素有条索、嫩度、整碎、净度、色泽等。我们在观察白茶时，还要特别注意毫毛。

（1）白毫银针（图3-26）：芽针肥壮、匀齐，茸毛厚，色泽银灰白，富有光泽。

（2）白牡丹（图3-27）：芽叶连枝，叶缘垂卷匀整，毫心多肥壮、叶背多茸毛，色泽灰绿润。

（3）贡眉（图3-28）：芽叶部分连枝、叶态紧卷、匀整，毫尖显、叶张细嫩，色泽灰绿或墨绿。

图 3-26　白毫银针

图 3-27　白牡丹

图 3-28　贡眉

## 2. 茶汤

湿评内质：汤色需评定其色度、亮度和清浊度；香气除辨别香型外，主要评定比较香气的纯异、高低、长短；滋味则主要评定纯正滋味（浓淡、强弱、鲜、爽、醇、和）、不纯正滋味（苦、涩、粗、异），一般以鲜爽浓厚为好、苦涩淡薄为差。

（1）白毫银针茶汤（图3-29）：香气清纯、毫香显露，滋味清鲜醇爽、毫味足，汤色浅杏黄、清澈明亮。

（2）白牡丹茶汤（图3-30）：香气鲜嫩、纯爽，毫香显露，滋味清甜醇爽、毫味足，汤色黄、清澈。

（3）贡眉茶汤（图3-31）：香气鲜嫩，有毫香，滋味清甜醇爽，汤色橙黄。

图 3-29　白毫银针茶汤　　　　图 3-30　白牡丹茶汤　　　　图 3-31　贡眉茶汤

## 3. 叶底

叶底则从色泽、嫩度、匀度、伏贴度等进行评定。

（1）白毫银针叶底（图3-32）：叶底肥壮、软嫩、明亮。

（2）白牡丹叶底（图3-33）：叶底毫心多，叶张肥嫩明亮。

（3）贡眉叶底（图3-34）：叶底有芽尖、叶张嫩亮。

图 3-32　白毫银针叶底　　　　图 3-33　白牡丹叶底　　　　图 3-34　贡眉叶底

【填一填】

请阿拉小茶人总结一下白茶赏茶知识，参考第一条写法，填好表3-2。

表 3-2 白茶鉴赏一览表

| 白茶分类 | 知名代表 | 干 茶 | 茶 汤 | | | 叶 底 |
|---|---|---|---|---|---|---|
| | | | 汤 色 | 香 气 | 滋 味 | |
| 单 芽 | 白毫银针 | 芽针肥壮、匀齐，肥嫩、茸毛厚，色泽银灰白，富有光泽 | 浅杏黄、清澈明亮 | 清纯、毫香显露 | 清鲜醇爽、毫味足 | 肥壮、软嫩、明亮 |
| 一芽二叶 | 白牡丹 | | | | | |
| 一芽多叶 | 贡 眉 | | | | | |

参考答案，请扫一扫上方的二维码。

## （二）茶席欣赏

俄国文学家车尔尼雪夫斯基曾说过，艺术源于生活而高于生活。茶席设计也是一门艺术。我们可以从生活品茶的角度出发，从茶中寻找灵感，比如绿茶，它给人清新、活力的感觉，就会由它想到年轻的状态、鸟语花香的春天等等，由此再展开详细的创意设计。在布置茶席时，可以说有多少种茶就有多少种茶席，六大茶类——绿茶、红茶、白茶、黑茶、黄茶、青茶，都可以布置不同的茶席。

茶席设计的目的是提高茶的魅力、展现茶的精神。所以在茶席设计中，首先要选择好茶叶，茶叶是茶席设计的灵魂，只有选定了茶叶，才能更好地围绕这个中心来选定主题、构思茶席，其次是茶具的选择，要兼具艺术性和实用性，要注重整套茶具的色彩搭配，既避免单调，又要求和谐统一，富有艺术的情趣，比如白茶可以用白瓷壶及白瓷杯具，或用反差很大的内壁施釉的黑釉，以衬托出白毫；再次就是放在茶具下的铺垫，可以是整体的也可以是某个局部的，材料选择有布艺、宣纸、竹编、石头、树叶，甚至可以什么都不用，直接就是桌子或茶几等，在选择铺垫时，特别要注意色彩的搭配，包括铺垫与铺垫之间、铺垫与茶具之间、铺垫与泡茶者的服饰之间，甚至是铺垫与周围的整体环境之间都要协调，这样才能起到烘托主题、渲染意境的效果；最后就是一些点缀品的选择，包括插花、焚香、挂画以及相关工艺品。

茶席主题（图3-35）：茶—生活最初的味道。

图 3-35　主题茶席

## 1. 主题阐述

生活，从一杯茶开始。茶也常被喻同人生，从品茶静心的过程中去寻求通悟人生的智慧。今虽席地而坐，却不染尘埃；虽烹茗焚香，却静默无声。问君何能尔，心远地自偏。善书者，书不择笔；善饮者，饮不择茶。在这乍暖还寒的日子里，择一清新毫香的白茶，焚一自然脱尘的清香，与君温和如初。

## 2. 茶席特色

茶具：德化白瓷壶、白瓷品茗杯和公道杯、白瓷水盂、锡制茶叶罐。

茶叶：特级白牡丹。

铺垫：用蓝色麻制茶席配以白色宣纸，营造天地之中、我自独品的意境。

## 3. 一展身手

请阿拉小茶人参考学习任务中的图来自主设计一个白茶茶席，并拍照上传"阿拉的一方茶席"。

通过扫一扫上方的二维码查看和上传照片。

## （三）茶诗吟赏

我们的国家既是茶的故乡，也是诗的国度，所以茶很早就出现在了诗人的作品中。茶性恬淡，提神益思，古往今来文人雅士无不爱茶，并以茶为抒发感情的对象，予以热情歌颂。下面就请欣赏两首特别有名又有趣的茶诗。

茶【唐·元稹】

茶，

香叶，嫩芽。

慕诗客，爱僧家。

碾雕白玉，罗织红纱。

铫煎黄蕊色，婉转曲尘花。

夜后邀陪明月，晨前命对朝霞。

洗尽古今人不倦，将至醉后岂堪夸。

这首宝塔体的咏茶诗本身就十分少见，用这种形式表述了茶叶的品质、功效、饮茶习惯以及诗人对茶的喜爱。诗的开头，表明主角是茶。接着描述茶的本性，即味香和形美。第三句，运用倒装，说茶深受"诗客"和"僧家"的爱慕。第四句写的是烹茶，因为古代饮的是饼茶，所以先要用白玉雕成的碾把茶叶碾碎，再用红纱制成的茶罗把茶筛分。第五句写烹茶先要在铫中煎成"黄蕊色"，尔后盛在碗中浮饽沫。第六句谈到饮茶，不但夜晚要喝，而且早上也要饮。结尾时，指出茶的妙用，不论古人或今人，饮茶都会感到精神饱满，特别是酒后喝茶有助醒酒。

七碗茶歌【唐·卢仝】

一碗喉吻润，二碗破孤闷。

三碗搜枯肠，唯有文字五千卷。

四碗发轻汗，平生不平事，尽向毛孔散。

五碗肌骨清，六碗通仙灵。

七碗吃不得也，唯觉两腋习习清风生。

蓬莱山，在何处？玉川子乘此清风欲归去。

《七碗茶歌》是《走笔谢孟谏议寄新茶》中的第三部分，也是最精彩的部分，它写出了品饮新茶给人的美妙意境：第一碗喉吻润，第二碗帮人赶走孤闷；第三碗就开始反复思索，心中只有道了；第四碗，平生不平的事都能抛到九霄云外，表达了茶人超凡脱俗的宽大胸怀；……喝到第七碗时，已两腋生风，欲乘清风归去，到人间仙境蓬莱山上。一杯清茶，让诗人润喉、除烦、泼墨挥毫，并生出羽化成仙的美境。诗人写出了茶之美妙。茶对于他来说，不只是一种口腹之饮，茶似乎还给他创造了一片广阔的精神世界，将喝茶提高到了一种非凡的境界，专心喝茶竟可以不记世俗、抛却

名利、羽化登仙。

请阿拉小茶人，一起背诵这首节选的《七碗茶歌》，看看谁能第一个背诵出来。

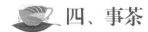

## 四、事茶

情景任务

在中华茶奥会品饮赛项中，选手小甬抽取了白茶（白牡丹），主题为推荐茶书，要求在15分钟内完成读书会上的茶书推荐。语言的组织与形式可参照下例：

（1）准备：选茶叶——白牡丹

选主题——推荐茶书

选音乐——空山寂寂

（2）开场：茶道，或许不是每个人都懂，但幸福，一定是每个人所追求的。

今天，我为大家推荐一本好书——《日日是好日》。迷茫时，饮一杯茶；心累时，饮一杯茶；痛苦时，饮一杯茶；停下来，饮一杯茶，无论什么样的日子都可以好好赏味，谓之"日日是好日"。

（3）中场：各位书友，请赏茶。此茶名为白牡丹，产于福建福鼎。它的外形绿叶夹银，白色毫心，叶张肥嫩，叶背遍布白色茸毛。

（中间泡第一道茶）

各位，请品茶。此茶汤色杏黄明亮；毫香持久；滋味清醇微甜。能在这寒冷、干燥的初冬时节，沉浸在茶的清香中，心境已然不同。正如书中所言：喝茶悟道，日日幸福。

（继续泡第二道茶并奉茶，可适当讲解一下第二道茶与第一道的区别。）

（4）结束：日日是好日，一期仅一会！非常感恩某年某月某日的这一天、这一刻，与各位书友在此相聚！作为初学者的我，可能表现得还不够好，但我非常开心能有这样的一次学习机会，不断提升自己！习茶之路漫漫，但我会更加努力。感恩大家，谢谢！

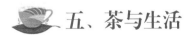

## 五、茶与生活

### 茶 酒

"茶酒采茗酿之，自然发酵蒸馏，其浆无色，茶香自溢。"茶酒（图3-36），始于苏轼，他是800余年前北宋大学士。他留下的翰墨遗珍记载了以茶酿酒的创想，开启茶和酒之间的千年之缘。文人墨客多数既爱茶又爱酒。他们倾心于茶之幽静，钟情于酒之豁达，在茶酒中表达自我。热汤如沸，茶不胜酒；幽韵如云，酒不胜茶；茶静酒动，茶香酒浓。

图 3-36 茶酒

如今，阿拉小茶人，请你们以小组为单位来演绎以下的话剧，效仿古人，用古树红茶的茶汤与酒进行复配，调制出清醇可口的茶酒饮品。传统的文化，时尚的表达，成就传统饮品中最精妙的契合，把盏人生，茶不可满，酒不可浅。

那么就让我们拭目以待，看一看哪组表演最入戏！活动图片，如图 3-37 至图 3-39 所示。

### 茶酒人生

画外音：接下来播送一则通知，柏悦酒店招收两名茶艺实习生，要求有创新思维，有意向者可于下午两点到大会议室进行选拔。

同学 A：哇，就是湖边那个很高大上的柏悦酒店？

B：那可是五星级的。

C：走走走，快去报名，快去报名。

茶人小李：柏悦酒店，哎，我可以去试试。但是竞争又这么激烈，还得要有创新。我
　　怎么才能在那么多人里脱颖而出
　　呢？唉茶艺选拔，创新，茶……

　　茶人小周：茶者，南方之嘉木也，
　　一尺二尺……

茶人小李：谁，是谁？

茶人小周：世人皆称我为大文豪，一
　　生仕途坎坷，然老夫自认为是个
　　无可救药的乐天派跨界大师苏轼
　　是也。

茶人小李：苏轼。哦，就是那个发明
　　了东坡肉的苏东坡？

茶人小周：哈哈哈，正是老夫。晚

图 3-37 活动图片 1

来天欲雪，能饮一杯无？

茶人小李：大师，现在可没心情陪你喝酒，我正因为茶艺选拔的事情，头都大了。

茶人小周：非也，非也，酒为忘忧君，茶为涤烦子。茶酒可一家，望君细细品。

图3-38 活动图片2

茶人小李：酒为忘忧君，茶为涤烦子。茶酒可一家，可一家……

茶人小陈（茶艺社社长）：李来你在想什么呢，这马上要选拔了你还有心思发呆！

茶人小李：哎，社长，我有个新点子一定能在评比中脱颖而出，只不过……

茶人小陈：不过什么？

茶人小李：需要社长你帮帮我。（这时候李来拿起酒杯给社长看）

茶人小陈：这是什么？

茶人小李：我跟你说……（悄悄话）

茶人小陈：哎，这点子不错，那我们快去试试吧。

茶人小陈：茶酒，始于苏轼。他留下的翰墨遗珍记载了以茶酿酒的创想，开启茶和酒之间的千年之缘。

茶人小周：茶酒采茗酿之，自然发酵蒸馏，其浆无色，茶香自溢。

茶人小陈：文人墨客多数既爱茶又爱酒。他们倾心于茶之幽静，钟情于酒之豁达，在

图3-39 活动图片3

茶酒中表达自我。

茶人小周：热汤如沸，茶不胜酒；幽韵如云，酒不胜茶；茶静酒动，茶香酒浓。

茶人小陈：如今，我们效仿古人，用古树红茶的茶汤与酒进行复配，调制出清醇可口的茶酒饮品，传统的文化，时尚的表达，成就了传统饮品中最精妙的契合，也完成了东坡居士千年的心愿。

茶人小周：此为何物？

茶人小李：大师，这是茶，也是酒？

茶人小周：嗯，入口是酒，下咽成茶，酒的炙热与茶的清净，竟先后在口中释放，妙哉妙哉！

茶人小李：酒就好比燕赵之士，慷慨激昂。

茶人小陈：茶却有如江南女子，优柔婉约。

共同：茶与酒的美丽邂逅，正如人生之路，走过风雨，见过苦乐，醉七分，醒三分。

茶酒不仅仅是两种自然精华的馈赠，更是两种精神文化的传承。

## 六、巩固拓展

（一）做一做

1. 常见的白茶有 _____、_____、贡眉、寿眉和老白茶等。

2. 白茶的主要生产地 _____、_____。

3. 同与福建白茶一样有名的福建瓷器是 _____。

（二）选一选

1. 《神农本草》是最早记载茶为（　　）的书籍。

　　A. 食用　　　　B. 礼品　　　　C. 药用　　　　D. 聘礼

2. 白茶的香气特点是（　　）。

　　A. 陈香　　　　B. 蜜香　　　　C. 毫香　　　　D. 花香

3. 以下白茶中等级最高的是（　　）。

　　A. 白毫银针　　　B. 白牡丹　　　C. 寿眉　　　　D. 贡眉

（三）画一画

### 水之三沸

你看过水跳舞的样子吗？陆羽的茶经中就描述了水跳舞的三种样子："其沸，如鱼目，微有声，为一沸；缘边如涌泉连珠，为二沸；腾波鼓浪，为三沸。已上，水老，不可食也。"它的意思是煮茶的时候，当水出现像鱼的眼睛那般大小的水泡，且发出轻微的响声时，这就是水的第一种舞；当锅或壶的边缘出现连续的水泡，像一串水珠向上涌时，这是水的第二种舞；当水波沸腾，如浪汹涌时，这是水的第三种舞。三沸

之后，水就煮老了，就不能饮用了。

　　请阿拉小茶人，回家观察水之三沸，用你手上的画笔把它形象地画出来吧！

水之三沸

# 第四站　走进青茶

## 引言：铁观音的传说之"魏说"——观音托梦

阿拉小茶人，你有没有听说过铁观音这款茶？你喝过吗？你知道铁观音这个茶名的由来吗？经我这么一问，你是不是会想："铁观音"（图4-1），会不会和观音菩萨有什么关系呢？下面，让我们看一看观音托梦的传说。

（a）

（b）

图4-1　铁观音

相传在清乾隆年间，福建省安溪县西坪乡松岩村有个茶农名叫魏荫。他勤于种茶，又信奉观音菩萨，每日晨昏必奉清茶三杯于观音像前，数十年来从不间断，十分虔诚。有一天晚上，魏荫在熟睡中梦见自己背着锄头上山，来到一条小溪边，见溪旁石缝中有一株茶树，长得枝繁叶茂，散发出一股兰花香。他心生好奇，正待自己探身采摘，突然听到一阵狗叫声，扰了一场好梦。第二天醒来后，他顺着梦中的行径寻觅，真的在一处石缝中发现了一株与梦中所见一样的茶树。只见它叶形椭圆，叶肉肥厚，嫩芽紫红，异于其他。魏荫喜出望外，遂将这一株茶树移植在家中的一口破铁鼎里，悉心培育。茶树经数年的压枝繁殖，株株茁壮，叶叶油绿。于是魏荫便适时采制，果然兰花香扑鼻，且冲泡多次有余香。他视之为家珍，密藏于罐中，每逢贵客嘉宾临门，才取出冲泡品评。凡饮过此茶的人都赞不绝口。因该茶沉重似铁，又是观音菩萨托梦所赐，因而命名为"铁观音"。

有关铁观音的传说可不止"魏说"这一个，小茶人可以扫一扫下方二维码，聆听铁观音传说之"魏说"和"王说"。

"魏说"　　　　　　"王说"

阿拉小茶人，你有没有注意到图4-1的两张图片分别是清香型铁观音和浓香型铁观音，它们的区别在哪儿？铁观音又是什么茶？是我们之前学过的绿茶、白茶或者黄茶，还是新的一类茶叶？欢迎你带着这些疑问来展开本章的学习。接下来，让我们共同走进青茶的世界。

#  一、识茶

## （一）热身活动：连连看

亲爱的小茶人，开始学习青茶知识之前，咱们先来玩一个连连看的游戏。

【连一连】

请用铅笔把左边的茶名和右边对应的茶类连在一起。说说你为什么会这么连。事实会和你想的一样吗？

| 茶名 | 茶类 |
| --- | --- |
|  | 绿茶 |
| 安吉白茶 | 黄茶 |
| 君山银针 | 白茶 |
| 大红袍 | 青茶 |
|  | 红茶 |
|  | 黑茶 |

让我们来扫一扫二维码，揭晓答案吧！

如果你有困惑，请仔细阅读下面的茶类大揭秘。

## 1."安吉白茶"大揭秘

很多人听到安吉白茶（图4-2）这个名字，都会从字面上认定安吉白茶属于白茶。事实上，安吉白茶采用的是绿茶加工工艺，因此它属于绿茶。

【知识链接】

安吉白茶是浙江的一款后起名茶。它的名字为何带着"白"字？原因是安吉白茶在清明前萌发的嫩芽色白如玉。它是一种珍罕的变异茶种，类似于我们常说的"白化病"，属于"低温敏感型"茶叶。在低于23℃时，因为缺少叶绿素，茶树萌发的嫩芽为白色，随着温度的升高，叶子慢慢呈玉白色，然

图4-2　安吉白茶

后再是白绿相间的花叶；到了夏天，芽叶恢复为全绿，与一般的茶叶无异。茶树产"白茶"时间很短，通常仅一个月左右。正因为神奇的安吉白茶是在特定的白化期内采摘、加工和制作，所以茶叶经过冲泡后，叶底也呈现玉白色，这是安吉白茶特有的性状。

## 2."君山银针"大揭秘

很多人看到"银针"两个字，会不自觉地联想到大名鼎鼎的白茶——白毫银针，然后毫不犹豫地把君山银针也归为白茶一类。其实，君山银针也不是白茶，它采用的是黄茶加工工艺，是一款黄茶。

【知识链接】

君山银针是中国名茶，清朝时被列为"贡茶"。因产自湖南岳阳洞庭湖中的君山，形细如针，故名君山银针。其成品茶芽头茁壮，长短大小均匀，茶芽内面呈金黄色，外层白毫显露完整，而且包裹坚实，茶芽外形很像一根根银针，雅称"金镶玉"。君山银针历史悠久，唐代就已生产、出名，据说文成公主出嫁时就选带了君山银针入西藏。

## 3."大红袍"大揭秘

别看"大红袍"茶名中带了个"红"字，但它却不是红茶，而是正儿八经的青茶，按青茶的加工工艺制作。

大红袍（图4-3）是武夷岩茶四大名枞之一，可谓鼎鼎有名！绝佳的口感自然离不开原料及加工工艺。茶农通常会选择在风和日丽的上午，采茶后立即将叶子晒青、晾青、摇青。摇青工艺特别讲究，

图4-3　大红袍

7次摇青历时14小时，达到"绿叶镶红边"时，才进行炒青、揉捻与烘焙。制成的大红袍条索肥壮，色泽绿褐鲜润有"宝色"，冲泡后汤色金黄，有桂花香，"岩韵"浓郁，且耐冲泡，九泡之后有余香，这是其他岩茶所不及的，一般岩茶经7泡后香味已明显淡薄。

"大红袍"茶起名的来源有一个有趣的传说，

小茶人想了解的话，请扫一扫上方的二维码。

## （二）青茶分布

### 1. 认产区

我国传统的青茶产区为福建、广东、台湾三省，形成闽南、闽北、广东、台湾四大产区。青茶，也叫乌龙茶。闽南乌龙的代表有铁观音、黄金桂、漳平水仙、永春佛手等，闽北乌龙的代表有大红袍、铁罗汉、水金龟、白鸡冠等，广东乌龙的代表有凤凰单枞、宋种、岭头单枞、大乌叶等，台湾乌龙的代表有东方美人、冻顶乌龙、文山包种、阿里山乌龙等。近几年其他省份也有少量生产青茶，如浙江、湖北、湖南、山东等，茶产区如图4-4所示。

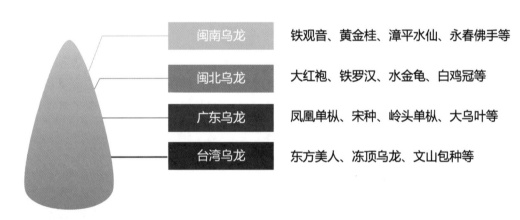

图4-4 茶产区

### 2. 画地图

请阿拉小茶人根据上面的介绍，在空白的中国地图上（图4-5）给青茶的产区填上青色并写出省份名称。

中国地图

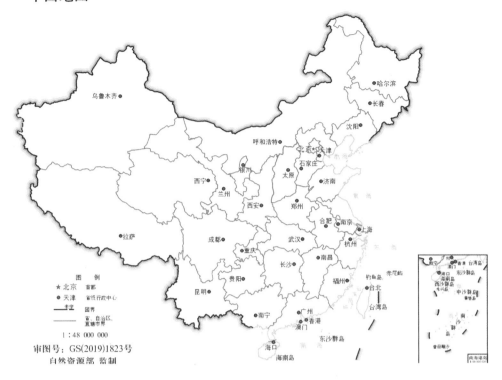

图4-5 中国行政区划图

## （三）名茶介绍

青茶，是中国几大茶类中独具鲜明中国特色的茶叶品类。接下来，让我们走进各个产区，认识著名青茶品种吧。

### 1. 福建

（1）闽南乌龙

①安溪铁观音

铁观音（图4-6）产自福建泉州市安溪县西部的内安溪。这里群山环抱，峰峦绵延，年均温度在15℃—18℃，有"四季有花长见雨，一冬无雪却闻雷"之称。清代名僧释超全有"溪茶遂仿岩茶制，先炒后焙不争差"的诗句，这说明清代已有茶叶生产了。安溪铁观音茶是乌龙茶中的珍品，一年分四季采制，具有春水秋香的品质特点。铁观音

图4-6 安溪铁观音

素有"绿叶镶红边，七泡有余香"之誉。在日本，铁观音几乎已成为乌龙茶的代名词。

②福建漳平水仙

漳平水仙（图4-7）是福建漳平茶农创制的传统名茶，属于闽南乌龙茶中的水仙品种，也叫"纸包茶"。漳平水仙茶饼是乌龙茶界唯一的方块紧压茶饼。它采用水仙品种茶树鲜叶，结合闽北水仙与闽南铁观音的制法，经木模压造而成。古老的木模，独特的纸包，油润的茶饼，形成了独一无二的品质特色。

（a）

（b）

图4-7 漳平水仙

（2）闽北乌龙

①大红袍

大红袍（图4-8）在武夷名枞中享有最高的声誉。大红袍既是茶树名，又是茶叶名，产于天心岩九龙窠的高岩峭壁之上。其品质最突出之处是香气馥郁有兰花香，香高而持久，"岩韵"明显。古时，采制"大红袍"时需焚香礼拜，设坛诵经，使用特制器具，由资深茶师专门制作，属于历史名枞。

（a）

（b）

图4-8 大红袍

②武夷肉桂

武夷肉桂（图4-9）是武夷名枞之一，也是我国十大名茶之一。据载，武夷肉桂最早发现于武夷山慧苑岩，另说原产于武夷山马枕峰，其在清代就已负盛名。它是以肉桂良种茶树鲜叶，用武夷岩茶的制作方法制成，为武夷岩茶中的高香品种。因香味似桂皮香，因此称"肉桂"。武夷肉桂有助消化、溶脂的功效，曾多次在国家级名优

茶评比中作为岩茶的典型代表参评，均获金奖。

（a）　　　　　　　　　　　　　　（b）

图 4-9　武夷肉桂

## 2. 广东：凤凰单枞

图 4-10　凤凰单枞

　　凤凰单枞（图 4-10）出产于潮州市潮安县的凤凰镇，因凤凰山而得名。相传南宋末年，宋帝南逃路经乌崀（dōng）山，口渴难忍，山民献红色茶汤，饮后生津止渴，赐名为"宋茶"，后人称"宋种"。还有"凤凰鸟闻知宋帝口渴，口衔茶枝赐茶"的传说，因此又称"鸟嘴茶"。至清同治、光绪年间（1875—1908），为提高茶叶品质，人们将凤凰水仙群体品种中优异单株分离，实行单株采摘、单株制茶、单株销售，并冠以树名。当时有一万多株优异古茶树均行单株采制法，故称凤凰单枞。凤凰单枞茶形美、色翠、香郁、味甘。有诗云，"愿充凤凰茶山客，不作杏花醉里仙"。

## 3. 台湾

　　（1）包种茶

图 4-11　包种茶

　　包种茶（图 4-11），与冻顶乌龙茶并称为台湾两大名茶。其盛产于台北市和桃园等县，其中以台北文山地区所产制的品质为最优，香气最佳，所以习惯上称之为"文山包种茶"。文山包种茶又叫"清茶"，是台湾乌龙茶中发酵程度最轻的清香型乌龙茶。包种茶是目前台湾生产的乌龙茶中数量最多的茶，素有"露凝香""雾凝春"的美誉。

　　（2）冻顶乌龙

　　冻顶乌龙茶（图 4-12）产于台湾南投县的冻顶山，被誉为台湾乌龙茶中的极品，

它属于发酵极轻的包种茶类，在风格上与文山包种相似。

图 4-12　冻顶乌龙茶

传说台湾冻顶乌龙茶是一位叫林凤池的人从福建武夷山把茶苗带到台湾种植而发展起来的。有一年，林凤池听说福建要举行科举考试，想去参加。可是家里穷，缺少路费，于是乡亲们纷纷捐款。临行时，乡亲们对他说："你到了福建，可要向祖国的乡亲们问好呀，说咱们台湾乡亲十分想念他们。"后来，林凤池考中了举人。几年后，他回台湾探亲，顺便带回了36棵乌龙茶苗，并把它们种在了冻顶山上。经过精心培育繁殖，冻顶山上形成了一片茶园，所采制之茶清香可口。后来林凤池奉旨进京，他把这种茶献给了道光皇帝，皇帝饮后称为好茶。因这茶是在台湾冻顶山采制的，所以就叫冻顶茶。

（3）东方美人茶

东方美人（图4-13）又名"膨风茶""香槟乌龙""白毫乌龙"，其外观极尽艳丽多彩，具有丰富色泽，红、白、黄、绿、褐五色相间，形状宛如花朵。白毫乌龙是乌龙茶中发酵程度最重的一种。茶树以不喷洒农药，全以人力手工，仅采摘其"一心二叶"闻名，并以具有多白毫芽尖者为极品，相当珍贵。

图 4-13　东方美人茶

阿拉小茶人，你知道吗？"东方美人"这一茶名还是英国女王给取的。百余年前，白毫乌龙外销至欧洲等西方国家时，传至英国皇室，维多利亚女王感受其茶味如东方女性之温和柔顺，对其赞不绝口，于是赐名为"东方美人"。

【知识链接】

讲到白毫乌龙，不得不提一种虫子——小绿叶蝉（图4-14）。茶品质的好坏取决于小绿叶蝉的叮咬程度。茶树嫩芽经小绿叶蝉吸食后，昆虫的唾液与茶叶酵素发生化学反应，是东方美人茶的醇厚果香蜜味的来源。因此茶园若要吸引小绿叶蝉群聚，要让小绿叶蝉生长良好，那就绝对不能施以任何农药。东方美人和小绿叶蝉的这种亲密关系成就了茶的良好形象，也让茶叶更显珍贵。

图 4-14　小绿叶蝉

## （四）制作工艺

阿拉小茶人，了解完我国各产区的著名青茶，你是不是有一些困惑？这些风格迥

异的茶为何都叫青茶？它们有什么内在的联系？除了产地不同，还有哪些不同？前文提到的轻发酵、重发酵等专业术语，会是茶叶分类的标准吗？让我们从青茶的制作工艺中来一探究竟吧。

## 1. 青茶的工艺

青茶的加工工艺比较复杂，其制作工艺一般分为初制工艺和精制工艺。加工工序主要包括晒青（或加温萎凋）、做青（摇青、晾青）、杀青、揉捻、干燥等，其中做青是形成青茶品质的特有工序。

阿拉小茶人可以先通过图 4-15 来简单了解一下。

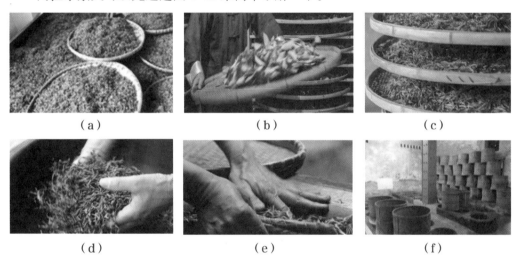

（a）　　　　　　　（b）　　　　　　　（c）

（d）　　　　　　　（e）　　　　　　　（f）

**图 4-15　青茶制作流程**

图 4-15 出现的萎凋、摇青等工序到底是什么意思，所有的青茶加工工艺都要经历这几步吗？下面我们通过几款具体的茶来了解。

（1）文山包种茶的工艺流程

文山包种茶的制作工艺分初制工艺和精制工艺两步。初制包括日光萎凋、室内萎凋、搅拌、杀青、揉捻、解块、烘干等工序，以翻动做青为关键。每隔一两小时翻动一次，一般需翻动四五次，以达到发香的目的。精制以烘焙为主要工序，初制茶放进烘焙机后，在 70℃恒温下不断发香，使茶性温和。

茶青采制工艺很讲究，雨天不采，带露不采，晴天要在上午十一时至下午三时采摘。春秋两季要求采二叶一芽的茶青，采时需用双手弹力平断茶叶，断口成圆形，不可用力挤压断口，如挤压出汁随即发酵，茶梗变红影响茶质。

（2）铁观音的工艺流程

铁观音的制作工艺分为初制工艺和精制工艺两步。初制工艺分别为茶青、晒青、晾青、摇青、杀青、揉捻、烘干、毛茶。借助图 4-16 简单了解铁观音的初制流程。

茶青的采摘有讲究，一般采对夹二、四叶，时间是上午10点到下午3点

①茶青

杀死酶活性，阻止茶叶进一步发酵，巩固茶叶品质

⑤杀青

茶青薄摊于晒埕上，均匀翻青至七分软为佳，温度控制在25℃左右

②晒青

铁观音外形的塑形工艺，动作有揉、压、搓、抓等，使茶叶外形紧结

⑥揉捻

茶青放于晾青架上，使茶青蒸发水分，进行一定的发酵，为摇青做准备

③晾青

去掉多余的水分，定型外形和香气

⑦烘干

摇动的过程中叶缘细胞壁破裂，水分蒸发，内含物分解，形成"绿叶镶红边"

④摇青

烘干后的茶叶稍摊凉后即成毛茶，可品饮

⑧毛茶

图 4-16 铁观音的初制流程

精制工艺又可分为清香型铁观音制茶工艺和浓香型铁观音制茶工艺，这就是形成前文清香型铁观音和浓香型铁观音的关键。具体如表4-1所示。

表 4-1 清香型铁观音和浓香型铁观音精制工艺对照表

| 种 类 | 原 料 | 工艺流程 |
|---|---|---|
| 清香型铁观音 | 铁观音毛茶 | 拣梗、筛分、风选、拼配、文火烘干、包装等 |
| 浓香型铁观音 | | 拣梗、筛分、风选、拼配、烘焙、包装等 |

由表4-1容易发现，无论是清香型铁观音还是浓香型铁观音，均以毛茶为原料，不同的是清香型直接文火烘干，而烘焙成了形成浓香型铁观音独特风味的关键工序。

（3）武夷岩茶的工艺流程

武夷岩茶的制作工艺也分为初制工艺和精制工艺。初制工艺包括茶青、晒青或萎凋、做青、杀青、揉捻、烘干（初烘、摊凉、复烘）、毛茶。武夷岩茶精制工艺和清香型铁观音的精制工艺基本一致，参考表4-1。下面，我们通过图4-17来了解这些制茶流程。

①采摘

武夷岩茶的采摘一年一次，多则两次。鲜叶采摘一般中开面采，即采开面二、四叶

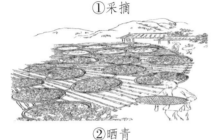

②晒青

采摘后为了避免鲜叶的热变，需要尽快进行"倒青"（萎凋），目的在于蒸发水分、软化叶片，这也是形成岩茶香气滋味的基础

③晾青

晾青是为了让武夷岩茶"走水"，让香气和滋味游走均匀，可以说是晒青的补充工序

④杀青

炒青也叫杀青，目的是利用高温破坏茶叶中的酶活性，终止发酵，稳定做青形成的品质

⑤揉捻

揉捻是形成武夷岩茶外形特征的主要工序，目的是使叶片内的叶汁流出，茶叶卷成条索。双炒双揉是武夷岩茶制作特有的方法，复炒可弥补第一次的炒青不足，复揉可使条索更紧结美观，是形成"蜻蜓头""蛤蟆皮""三节色"的独特技艺

**图4-17 武夷岩茶的制作工艺（a）**

经过双炒双揉后的青叶即可进行初焙，目的是使揉捻后的茶叶失去部分水分，达到半干燥状态

⑥初焙

挑拣去茶梗，扬簸未干净的簧片等，目的是防止茶叶的有益成分被茶梗吸收回去。目前不少茶厂采用筛选机代替手工拣茶

⑦拣拣

复焙的目的是将茶叶焙至所要求的程度，防止霉变，减少苦涩味。与"走水焙"不同的是，复焙用的是暗火

⑧复焙

将茶筛成粗细不同的茶号，同时进行茶碎末的筛选，保持岩茶条索的完整性

⑨筛分

将品质相近的同种粗茶归为一类，便于加工及销售

⑩归堆匀堆

慢炖焙火可以提高茶叶滋味、香气、耐泡度，改变茶汤颜色等

⑪慢炖焙火

**图4-17 武夷岩茶的制作工艺（b）**

加工好的成茶即可装箱外运

⑫装箱

图4-17 武夷岩茶的制作工艺（c）

看完武夷岩茶的工艺流程图，扫一扫上方的二维码，
让我们来看视频进一步体验它的制作过程。

虽然武夷岩茶的精制工序和铁观音的精制工艺几乎没什么不同，但内有乾坤，详见表4-2所示。

表4-2 铁观音与武夷岩茶茶艺流程对照表

| 种 类 | 茶 青 | 萎凋、做青 | 揉 捻 |
|---|---|---|---|
| 铁观音 | 对夹二、四叶 | 轻晒重摇（发酵轻） | 包揉 |
| 武夷岩茶 | 开面二、四叶 | 重晒轻摇（发酵重） | 短时、热揉、重压 |

铁观音茶与武夷岩茶虽同属青茶，但其原料产地不同，且在制作工艺如萎凋、做青、揉捻等具体操作上也是各不相同，由此造就了两款名茶各自独特的风味。

（4）白毫乌龙的工艺流程

白毫乌龙的主要制作过程为茶青、萎凋、做青（搅拌）、渥堆、炒青、闷堆、揉捻、烘焙、成茶。

白毫乌龙的采收期在6—7月，即端午节前后10天。东方美人茶最特别的地方在于，茶青必须让小绿叶蝉（又称浮尘子）叮咬吸食。在制作方面，东方美人茶必须经手工采摘"一心二叶"，再用传统技术精制成高级乌龙茶。制茶过程的特点是炒青后，需多一道以布包裹，置入竹篓或铁桶内静置回软的二度发酵程序，再进行揉捻、解块、烘干而制成毛茶。

下面，我们来对比一下以上四类茶的干茶外形（图4-18），你发现了什么规律？

（a） （b） （c） （d）

**图 4-18 四类茶的干茶外形**

这些茶的颜色从浅到深，同样都是乌龙茶，为什么会有这种区别呢？这就要从发酵程度来解释。经过比较，我们发现，决定青茶品质的最关键工序就是做青。根据做青程度不同，发酵程度不同，下面给出几款名茶的发酵程度及品质特征，如表4-3所示。

**表4-3 几款名茶的发酵程度及品质特征**

| 茶 名 | 发酵程度 | 品质特征 |
| --- | --- | --- |
| 文山包种茶 | 20%左右 | 汤色绿黄，叶底黄绿 |
| 冻顶乌龙 | 30%左右 | 汤色金黄，叶底褐绿 |
| 铁观音 | 40%左右 | 汤色深金黄，叶底青褐，少许红边 |
| 凤凰单枞 | 50%左右 | 汤色橙黄，叶底黄褐，有红边 |
| 大红袍 | 60%左右 | 汤色橙黄红，叶底深褐，红边明显 |
| 白毫乌龙 | 70%左右 | 汤色橙红，叶底红褐 |

【知识链接】做青＝摇青＋晾青

做青由摇青和晾青两个过程组成。通过多次摇青和晾青的交替进行，便是做青。

在摇青过程中，叶片组织因振动而增强细胞吸水力，增进输导组织的输送机能，茎梗里的水分通过叶脉往叶片输送，梗里的香味物质随着水分向叶片转移，水分从叶面蒸发，而水溶性物质在叶片内积累起来。由于梗脉中的水分向叶片渗透，使摇青后叶子恢复苏胀状态，称为还青，俗称还阳。

摇青之后进入晾青，晾青又称静置、等青、摊青。在晾青过程中，做青叶子暂缓发酵活动，叶片继续蒸发水分，叶片失水多，梗里失水少，叶片又呈凋萎状态，称为退青。

## 2. 青茶的分类

了解了青茶的产区和基本工艺流程后，我们基本上可以将青茶按照两个方法去分类。按照产地分，可分为闽南乌龙、闽北乌龙、广东乌龙和台湾乌龙；按发酵程度分，可分

为轻度发酵茶（10%—25%）、中度发酵茶（25%—50%）和重度发酵（50%—70%）。

产区划分法在上文认产区中已有涉及，下文将详细讨论发酵程度的划分法。

（1）轻发酵青茶

轻发酵的乌龙茶和绿茶相似，干茶绿、汤色绿、叶底绿。香气清香持久，茶汤明亮见底，入口生津，回甘明显。以台湾乌龙的文山包种茶、闽南乌龙的清香型铁观音为代表。

①文山包种茶（图4-19）

（a）　　　　　　　　　　（b）

图4-19　文山包种茶

文山包种的发酵程度在乌龙茶中为最轻，约为20%，焙火亦轻，在乌龙茶中独树一帜。

②闽南清香型铁观音（图4-20）

清香型铁观音属于流行性的轻发酵乌龙茶。"清汤绿水"就是清香型铁观音的代表特性。

（a）　　　　　　　　　　（b）

图4-20　闽南清香型铁观音

（2）中度发酵青茶

大部分的乌龙茶都属于中度发酵，比如福建的武夷岩茶、广东的凤凰单枞等。它们与轻发酵的乌龙茶有着天壤之别，无论是外形还是滋味都更吸引消费者。

①武夷岩茶

武夷岩茶的制作工艺区别于台湾乌龙茶追求鲜爽的轻发酵轻焙火和安溪乌龙茶追求花香的深发酵轻焙火，而采用深发酵重焙火做法。武夷岩茶在加工过程中还多了一道特殊的制作工艺——焙火。传统的岩茶火功高，焙好后立即饮的话，火气未除会有燥感，所以一般要存放一段时间后再饮，这样滋味会更醇和。

②凤凰单枞（图4-21）

传统凤凰单枞是单株培育，单株采制。现今都是栽培型、混株采摘加工。采摘是手工或手工与机械生产相结合。其中环环紧扣，每一道工序都不能粗心随意，稍有疏忽，其成品非单株品质，而降为浪菜或水仙级别，品质、价格相差甚远。

图4-21　凤凰单枞

【知识链接】"音韵"和"岩韵"

音韵是评价铁观音茶味道的一个专用词，是铁观音的特殊香味，是优良的品质特征，并不是所有的铁观音都具有"音韵"。不同的人对音韵有不同的理解，观音韵，有高有低、有强有弱、有酸有甜、有深藏不露有霸气逼人、有温文尔雅有婀娜多姿……

"岩韵"是武夷岩茶独有的特征。武夷岩茶具岩骨花香韵味，在冲泡七八次之后依然有浓重的茶香，这种现象就叫岩韵。岩韵的有无取决于茶树的生长环境；岩韵的强弱还受到茶树品种、栽培管理和制作工艺的影响。

（3）重发酵青茶——白毫乌龙（图4-22）

重度发酵的乌龙茶，非白毫乌龙茶莫属。白毫乌龙茶是青茶中发酵程度最重的茶品，发酵程度一般在70%左右。其外形枝叶连理，白毫显露，故称白毫乌龙茶。它滋味独特，带蜜香或熟果香，汤色呈琥珀色，但是不焦不黑。

图4-22　白毫乌龙

##  二、行茶

阿拉小茶人，认识完青茶之后，你是不是很想动手冲泡一杯呢？别着急，正所谓"器为茶之父"，选择合适的茶具非常关键！虽然很多器皿都能用来冲泡乌龙茶，但是，历史经验告诉我们，用紫砂壶来冲泡乌龙茶，无论是口感还是香气都是最优的，这里又有怎样的奥秘？让我们一起来一探究竟吧。

### （一）茶器选择

乌龙茶根据原料、加工工艺的不同，冲泡温度也各有差异。轻发酵的茶可以选择盖碗冲泡，以便观察汤色、叶底。而大部分的乌龙茶一般选用较成熟的芽叶作原料，加之用茶量较大，故对温度的要求较高。紫砂壶的质地正好符合乌龙茶对温度的要求。在冲泡前用开水温热茶具，冲泡后用开水淋壶达到加温目的。同时，由于紫砂壶壁内部的气泡构造，又具有较好的透气性和保温性。

早在很久以前，我国古代文人就已经开始选用紫砂壶来泡茶了。除了紫砂壶能满

足温度的要求，还因为其风格多样，造型多变，富含文化品位。福建和广东那边更是形成了各自独特的工夫茶冲泡方法。让我们一起进入紫砂壶的世界吧。

## 1. 主泡器具——紫砂壶

紫砂壶始于宋代，盛于明清，流传至今。北宋梅尧臣的《依韵和杜相公谢蔡君谟寄茶》中说道："小石冷泉留早味，紫泥新品泛春华。"欧阳修的《和梅公仪尝茶》云："喜共紫瓯吟且酌，羡君潇洒有余清。"这些说的都是紫砂茶具在北宋刚开始兴起的情景。至于紫砂茶具由何人所创，已无从考证。据说，北宋大诗人苏轼在江苏宜兴独山讲学时，

图4-23 提梁壶

好饮茶，为便于外出时烹茶，曾烧制过由他设计的提梁式紫砂壶，后人称为"东坡壶"或"提梁壶"（图4-23）。苏轼诗云："银瓶泻油浮蚁酒，紫碗铺粟盘龙茶。"这就是诗人对紫砂茶具赏识的表达。

（1）认识紫砂壶

紫砂壶由陶器发展而来，是一种新质陶器。今天紫砂茶具多用江苏宜兴南部埋藏的一种特殊陶土——紫砂泥烧制而成。紫砂泥又分为绿泥、朱泥和紫泥。多次实践发现，不同泥料制成的紫砂壶适合冲泡不同的茶。其中朱泥制作的紫砂壶更适合冲泡高香型的乌龙茶。

紫砂壶造型数以千计，"方非一式，圆无一相"。较常见的器型中有树瘿壶、刘半圆囊壶、龙蛋壶、石瓢壶等，如图4-24所示。还有一类不常见的紫砂壶款型叫作花货，

树瘿壶　　　　　刘半圆囊壶

龙蛋壶　　　　　石瓢壶

图4-24 各种紫砂壶

指那些把自然界的天然形态用浮雕、半浮雕等造型装饰设计成仿生形象的茶壶。著名的紫砂壶大家有供春、时大彬、陈鸣远、陈曼生、邵大亨等。

（2）泡茶优点

紫砂壶嘴小、盖严，能有效地防止香气散失。壶里外都不施釉，保持微小的气孔，有较好的透气性；但又不透水，并具有较强的吸附力。紫砂能保持茶叶中芳香油遇热挥发而形成馨香，提高茶汤的晚期酸度，起到收敛和杀菌作用，故可以稍微延缓茶水的霉败变馊，所谓"盛暑越宿不馊"道理就在这里。紫砂壶还具有缓慢的传热性，冲泡不容易烫伤手。

（3）紫砂壶的选择

一般认为，一件好的紫砂茶具必须具有三美，即造型美、制作美和功能美，三者兼备方称得上一件完美之作。那么对我们初学者而言该如何选壶呢？

选购时建议选择江苏宜兴出产的紫砂壶，质量有保障。冲泡茶水时，根据品茶人数选用大小适宜的壶，投茶量视乌龙茶的品种和条索而定。条索紧结的半球形乌龙茶，用量少些；松散的条索形乌龙茶，用量多些。

（4）使用手法

男生、女生由于力道的差异，在持壶方式上有略微差异。如图4-25是女生冲泡过程中不同时期的持壶姿势。而男生持壶时更显粗犷和大气，如图4-26是男生两种不同的持壶法。

（a）　　　　　　　　　　　　（b）

图4-25　女生冲泡过程中不同时期的持壶姿势

（a）　　　　　　　　　　　　（b）

图4-26　男生两种不同的持壶法

图 4-25（a）是提壶时，中指和无名指捏住壶柄，食指轻倚在壶盖上，大拇指捏住壶把。图 4-25（b）是冲泡时，中指穿过壶柄，大拇指另一侧扣住壶把，另一只手的手指微按壶钮作支撑。

需要注意两点：茶壶在放回时壶嘴勿对准客人，轻按盖钮时勿将壶钮上的孔盖住。

图 4-26（a）是提壶时，用大拇指抵住壶盖，食指及中指穿过壶柄捏住。

图 4-26（b）是冲泡时，拇指可放在壶盖盖钮上，以防烫伤。

需要注意的是不要堵住盖钮上的气孔。

## 2. 辅助茶具——闻香杯

闻香杯（图 4-27），为汉族民间赏茶用具。闻香之用，比品茗杯细长，是乌龙茶特有的茶具，多用于冲泡台湾高香乌龙。与饮杯配套，质地相同，加一茶托则为一套闻香杯组。

（1）闻香杯的材质

（a）　　　　　　　　　（b）

图 4-27 闻香杯

闻香杯一般用瓷的比较好，因为用紫砂的话，香气会被吸附在紫砂里面，但从冲泡品饮其内质来说，是紫砂好。日前市面上有内壁白瓷釉质的紫砂闻香杯。

（2）闻香杯的优点

杯壁厚、杯深，具有吸附茶香的特点。品饮后，可以让饮者尽情地去玩赏品味。

（3）闻香杯的用法（图 4-28）

闻香是将闻香杯再次倒转，使杯口朝上，双手掌心向内夹住闻香杯，靠近鼻孔，闻茶的香气，边闻边搓手掌，使闻香杯发生旋转运动，这样做的目的是使闻香杯的温

（a）将茶汤倒入闻香杯

（b）将茶杯倒扣在闻香杯上

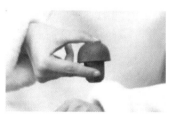
（c）用手将闻香杯托起

度不至于迅速下降，有助于茶香气的散发。闻香还有热嗅、温嗅、冷嗅之分。

（d）快速稳妥地将闻香杯倒转　　（e）将闻香杯慢慢逆时针提取　　（f）双手夹着闻香杯闻香

图 4-28　闻香杯的用法

## （二）冲泡要素

选好冲泡茶器后，接下来我们就要开始冲泡了。那么冲泡讲究三要素，掌握了才能冲出一道好茶。

### 1. 泡茶水温

由于乌龙茶包含某些特殊的芳香物质需要在高温的条件下才能完全挥发出来，故其对水温的要求比较高，一般用95℃—100℃的热开水来冲泡。

### 2. 茶叶用量

根据喝茶人数确定茶叶的投放量。还要看茶叶的外形特征，若是紧结半球型乌龙，茶叶需占到茶壶容积的1/4—1/3；若茶叶较松散，则需占到壶的一半。当然具体茶水比因人而异，有的人喜欢喝浓茶，茶叶可以多放点，有的人喜欢喝淡茶，茶叶可以相对放少些。

### 3. 冲泡时间

泡茶的时间也很重要，泡的时间太短，茶叶香味出不来，泡的时间太长，又怕泡老了，影响茶的鲜味。闽南和台湾的乌龙茶冲泡时浸泡的时间第一泡一般是45秒左右，再次冲泡是60秒左右，之后每次冲泡时间往后稍加10秒即可。闽北和潮州的乌龙茶开汤时间则要快得多，第一泡15秒就可以了。至于冲泡的次数，方法得当加上好的茶叶，有时候可增加冲泡次数。

## （三）行茶方法

阿拉小茶人，之前提到过广东和福建各自形成了别具一格的乌龙茶冲泡方法。广东潮汕工夫茶，直接将茶汤倒入品茗杯中；福建武夷山工夫茶，先将泡好的茶汤倒入

茶海（又名公道杯）中，然后再平均分到品茗杯中。它们都属于工夫茶的范畴。那么它们之间有何联系与区别呢？让我们一起领略一方水土一方茶俗吧。

## 1. 福建工夫茶

福建工夫茶茶艺以其复杂的步骤让主人和客人沉浸其中。用来均分茶汤的公道杯是冲泡工夫茶所使用的独特茶具。客人在品尝茶汤之前，先拿起闻香杯闻茶香。品饮时，客人要评价茶汤的味道。

（1）备具

建议准备宜兴紫砂壶、公道杯、茶盘、品茗杯、双杯托、闻香杯、茶夹、茶荷、茶巾、随手泡、水盂、茶匙，如表4-4所示。

表4-4　器具准备

| 器具名称 | 数　量 | 质　地 |
|:---:|:---:|:---:|
| 紫砂壶 | 1 | 紫砂 |
| 公道杯 | 1 | 紫砂 |
| 茶盘 | 1 | 竹或木质 |
| 品茗杯 | 4 | 紫砂或瓷质 |
| 双杯托 | 4 | 竹制 |
| 闻香杯 | 4 | 紫砂或瓷质 |
| 茶夹 | 1 | 竹制 |
| 茶荷 | 1 | 瓷质 |
| 茶巾 | 1 | 棉质 |
| 随手泡 | 1 | 玻璃或者金属 |
| 水盂 | 1 | 瓷质 |
| 茶匙 | 1 | 竹制 |

茶盘备具如图4-29所示。

图 4-29　茶盘备具

茶席布具如图 4-30 所示。

图 4-30　茶席布具

（2）流程

①温壶（图 4-31）

将 85℃的热水转圈缓慢地浇淋紫砂壶，然后将茶壶中的水倒入公道杯中。

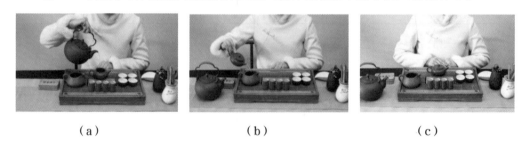

（a）　　　　　　　　　　（b）　　　　　　　　　　（c）

图 4-31　温壶

②温杯（图 4-32）

将公道杯中的水来回倒入闻香杯和品茗杯中，用来温杯，然后用茶夹将杯中的水倒出。

| （a） | （b） | （c） |

图 4-32 温杯

③取茶（图 4-33）

用茶则量取茶叶，用茶匙将茶叶从茶荷拨入壶中，轻摇茶壶以唤醒茶叶。

| （a） | （b） | （c） |

图 4-33 取茶

④润茶（图 4-34）

以一定的高度将热水注满茶壶，然后用壶盖刮去浮沫。迅速将水倒入公道杯中，然后由公道杯再倒入闻香杯和品茗杯中，使茶具保持温热。第一泡主要用于润茶和温杯，最后倒掉。

| （a） | （b） | （c） |

图 4-34 润茶

⑤冲泡（图 4-35）

再次注水。茶叶开始舒展。润茶后，将热水注入茶壶直至水满。像上次一样盖上壶盖。

| （a） | （b） | （c） |

图 4-35 冲泡

⑥淋壶（图4-36）

用热水淋壶，以起到洗涤和温壶的作用。茶叶静置至少10秒钟。

  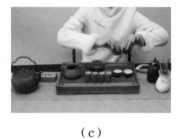

（a）　　　　　　　　　　（b）　　　　　　　　　　（c）

图4-36　淋壶

⑦出汤（图4-37）

将公道杯中的茶汤来回倒入闻香杯中，直至杯满但未溢出。

  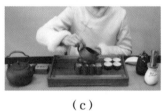

（a）　　　　　　　　　　（b）　　　　　　　　　　（c）

图4-37　出汤

⑧奉茶（图4-38）

取杯托，将品茗杯和闻香杯一同放入杯托中，奉茶给客人。

（a）　　　　　　　　　　（b）　　　　　　　　　　（c）

图4-38　奉茶

⑨品茗（图4-39）

（a）　　　　　　　　　　（b）　　　　　　　　　　（c）

图4-39　品茗

主人示范如何品茗，将品茗杯扣在闻香杯上，小心翻转，将茶汤倒入品茗杯中。

⑩闻香（图4-40）

（a） （b） （c）

图4-40 闻香

品茗时赏色、香、味。双手持闻香杯靠近鼻端闻香，也可双手搓动闻香杯闻香。

⑪ 冲泡（图4-41）

主人开始冲泡第二泡工夫茶，时间比第一泡长5秒钟。

（a） （b） （c）

图4-41 冲泡

（3）欣赏

扫一扫上方二维码，
欣赏工夫乌龙茶紫砂壶泡法茶艺表演流程。

## 2. 潮汕工夫茶

　　潮汕工夫茶是指流传于潮汕地区一带的以乌龙茶为主要用茶，以精致配套的泡茶器具，遵照独特讲究程式的一种茶叶冲泡和品饮方式，具有"和、敬、精、洁、思"的文化精神。工夫茶在潮汕至少已有200多年的历史。传统潮汕工夫茶具共有18件套，指茶壶、盖瓯、茶杯、茶洗、茶盘、茶垫、水瓶、水钵、龙缸、红泥火炉、砂铫、羽扇、铜筷、锡罐、茶巾、竹筷、茶桌、茶担。随着现代生活质量的提高，一些茶具已不适应现代生活的需要。随着时代的发展，潮汕工夫茶泡法也在与时俱进，目前没有

统一的国家标准，但地方标准《潮汕工夫茶》已出台。

　　按照标准，沸水倾倒时不可断续迫促，使茶叶得到充分翻滚，才有利于释放茶香。而首次注入沸水，要刮沫后立即将茶汤倒出，取出茶叶中的杂质。也就是说，第一遍茶汤是"洗茶"，不能喝。喝茶前先烫杯。倒茶前，先用沸水直注杯心。茶盅温热，茶汤方能起香。潮汕工夫茶的作用按功能及需要可分为五个层次：生理需要层次、社交需要层次、休闲需要层次、审美需要层次、修养需要层次。下面我们来了解标准中的潮汕乌龙的冲泡方法。

【知识链接】

## 《潮汕工夫茶》

　　（1）备具

　　潮汕工夫茶"四宝"：玉书煨，烧开水的壶；潮汕炉，烧开水用的火炉；孟臣罐，泡茶的茶壶；若琛瓯，即品茶杯。茶叶以半发酵的乌龙茶为主要用茶，投茶量8—13克。传统潮汕工夫茶，最好选取水质比较好的天然山泉水冲泡。茶具包含电磁水壶、电热水壶、紫砂陶器、日用瓷器。器具准备如表4-5所示。

表4-5　器具准备

| 器具名称 | 数量 | 质　地 |
| --- | --- | --- |
| 茶锅<br>（或叫"玉书煨""砂铫"） | 1 | 砂质陶制水壶（扁形、长柄，容水量约200毫升）或电热、电磁水壶，玻璃、金属烧水器皿 |
| 茶炉<br>（或叫"红泥小火炉""潮汕风炉"） | 1 | 红泥烧制或电热、电磁茶炉、酒精炉、石油气小茶炉 |
| 茶壶<br>（俗称冲罐、苏罐） | 1 | 江苏宜兴产的紫砂泥制茶壶、广东潮州产手拉朱泥壶或瓷质、陶质、瓷陶混合盖碗（俗称盖瓯） |
| 茶杯<br>（又称"若深杯""白令杯""白玉杯"） | 1 | 讲究"小、浅、薄、白"，小则能一啜而尽，浅则水不留底，薄则茶能起香，白则衬托茶色 |

　　（2）流程

　　①治器

　　治器是指茶叶冲泡前的有关准备工作，包括列器备茶、煮水候汤、烫壶温盅、烫杯洗杯等一系列环节。传统器具使用包括泥炉起火（明火以炭为主要燃料，称"活火"，最好使用橄榄核炭）、砂铫掏水、搁炉候火、洁器淋杯等。

②纳茶

纳茶是指投置茶叶的方法，也称干壶置茶。将茶叶倾倒在白纸上，分粗细，取其最粗者填于壶底滴口处，次用细末填于中层，另以稍粗之叶撒于上面（此法仅适用于泥质茶壶）。使用盖瓯（碗）冲泡，则直接将茶纳于盖瓯（碗）中。

③候汤

候汤是指冲泡前把握水的沸腾程度以掌握水温。水分三沸：沸如鱼目，微微有声为一沸；铫缘涌如连珠，声若松涛为二沸；腾波鼓浪为三沸。一沸水（传统称为婴儿沸）因未达沸点，不宜冲泡；三沸水（传统称为百寿汤）已属长沸水，不宜冲泡；取二沸水冲泡火候最好。

④冲点

冲点是指首次冲泡茶叶的方法，也称烘茶冲点或悬壶高冲。取沸水，揭壶盖，环壶口、缘壶边提壶高冲，不可断续迫促，使开水直探罐底，让茶叶得到充分翻滚，有利于释放茶香。切忌直冲壶心，以免造成涩滞（俗称"冲破茶胆"）。首次注入沸水后，应在刮沫后立即将茶汤倾出，以去除茶叶中的杂质，称为"洗茶"。

⑤刮沫

刮沫，又称刮顶，指及时清除茶壶外溢的白沫（首次冲泡）。冲水要满而忌溢。满时茶沫浮白，溢出壶外，提壶（瓯）盖从壶（瓯）口平刮之，然后冲洗干净，盖定。

⑥淋罐

淋罐，又称淋眉，仅适用于陶质（紫砂）茶壶。盖壶盖后，再用开水复淋于茶壶表面，以去其沫，既清洁器具，又壶外追热，使茶香充盈于壶中。

⑦烫杯

淋罐后仍需烫杯，烫杯水宜直注杯心。烧（热）盅（杯）热罐，（茶汤）方能起香。烫杯后，应迅速将水倾出。

⑧低洒

低洒，又称低斟，指洒茶的方法。洒茶既不宜速也不宜迟。速则茶浸未透，香色不出；迟则香味并出，茶色太浓，致味苦涩。洒茶讲究"低、快、匀、尽"。低——使茶香不致飘失，茶汤不起泡沫。快——既保持茶的热度，又使茶汤在壶中不过度浸泡茶叶而影响气味。匀——平均分配，使各杯中茶色茶香一致，体现一视同仁。尽——滴尽壶（瓯）中茶汤余沥，使茶汤不致滞积。

⑨关公巡城

洒茶时茶汤应均匀巡回斟于各茶杯中，俗称"关公巡城"。

关公巡城是潮汕工夫茶泡茶技术的专业用语。茶壶将茶泡好之后，需要多次续水，这时候要分茶入杯时很难做到浓淡一致、平等待客、一视同仁。为此，人们便将各个小茶杯排成"一"字形、"品"字形或"田"字形，采用来回提壶洒茶，使杯中的茶

汤混合，从而均匀一致。因为工夫茶用的多是紫红色的紫砂壶，分茶时就好像是红脸关公在城上来回巡逻，因此称为"关公巡城"。

⑩韩信点兵

茶汤斟毕应将余汤依次巡回滴入各杯中，俗称"韩信点兵"。

"韩信点兵"一般在"关公巡城"之后，茶壶中往往只剩下少量的茶汤，而这些是最精华、醇厚的部分，因此要平均分配，以免各杯茶汤浓淡不一。因此，将壶中留下的少许茶汤，一杯一滴，分别滴入每个人的茶杯中，人称"韩信点兵"。

品饮。品香审韵。

赏色。观赏茶汤颜色。

闻香。轻闻茶汤香气。

轻啜。杯缘接唇，先轻抿一小口，品尝和体会茶的香气、回甘、韵味，然后一啜而尽，三嗅杯底。现代茶艺演示将"赏色""闻香""轻啜"并称为品香审韵。

每泡茶的冲泡次数，具体以茶叶品种和质量而定，一般以6—8泡为宜。

（3）欣赏

扫一扫上方二维码，欣赏潮汕工夫茶茶艺冲泡技艺。

阿拉小茶人，仔细对比福建工夫乌龙茶和潮汕工夫茶冲泡流程，你有何发现？其实，中国工夫茶茶艺既是泡茶的一种仪式，也是对泡出好茶所需要时间和精力的一种敬意。它需要茶艺师高超的技巧，精心的设计，以及与茶叶心灵相通的一种默契。请你也来试一试吧！

 三、赏茶

（一）青茶鉴赏

阿拉小茶人，我们已经知道因为原料及发酵程度的不同，不同产地的青茶其茶叶外形、口感、香气、茶汤、叶底等相差十万八千里。那么，一杯茶汤在手，应该如何去品尝、欣赏呢？一般来说，至少可从三个方面去欣赏：一是干茶；二是茶汤；三是叶底。

**1. 干茶**

干茶要从条索、色泽、整碎、净度四个维度来考虑。独特的茶树品种、特殊的摇

青与晾青加工工艺会形成别具一格的外形和色泽特征。符合特征标准的就是好茶！而不管哪种茶叶，匀整洁净都是最高也是最基本的要求。现在给出几款典型茶叶外形、色泽整碎、净度的特级标准，如表4-6所示。

表4-6　几款典型茶叶外形、色泽的特级标准

| 典型代表 | 外　形 | 色　泽 | 整　碎 | 净　度 |
|---|---|---|---|---|
| 安溪铁观音 | 肥壮、圆结、重实 | 翠绿润、砂绿明显 | 匀整 | 洁净 |
| 大红袍 | 紧结、壮实、稍扭曲 | 带宝色或油润 | 匀整 | 洁净 |
| 名　枞 | 紧结、壮实 | 略带宝色或油润 | 匀整 | 洁净 |
| 肉　桂 | 肥壮、紧结、重实 | 油润、砂绿明、红点较明显 | 匀整 | 洁净 |
| 单　枞 | 紧结、重实 | 褐润 | 匀整 | 洁净 |

## 2. 茶汤

茶汤要从香气、滋味和汤色来考虑。好茶的香气自然、纯真，闻之沁人心脾；低劣的茶叶则有股烟焦味和青草味，甚至夹杂馊臭味。茶叶香气是由多种芳香物质综合组成的，根据不同芳香物质的种类及数量的综合，形成各种茶类的香气特征。茶的滋味也是非常复杂多样，因为内含物质的含量与组成比例的变化，表现出各种不同茶类的滋味特征。现在给出几款典型茶叶香气、滋味、汤色的特级标准，如表4-7所示。

表4-7　几款典型茶叶香气、滋味、汤色的特级标准

| 典型代表 | 香　气 | 滋　味 | 汤　色 |
|---|---|---|---|
| 安溪铁观音 | 浓郁持久 | 醇厚鲜爽回甘、音韵明显 | 金黄、清澈 |
| 大红袍 | 锐、浓长或悠、清远 | 岩韵明显、醇厚、回味甘爽、杯底有余香 | 清澈、艳丽，呈深橙黄色 |
| 名　枞 | 较锐、浓长或悠、清远 | 岩韵明显、醇厚、回味甘爽、杯底有余香 | 清澈、艳丽，呈深橙黄色 |
| 肉　桂 | 浓郁持久，似有乳香或蜜桃香、橙皮香 | 醇厚鲜爽、岩韵明显 | 金黄、清澈、明亮 |
| 单　枞 | 花蜜清香高悠长 | 甜醇回甘、高山韵显 | 金黄、明亮 |

### 3. 叶底

通过看叶底，不仅可以看出茶叶原料的软硬程度，还能看出它的加工工艺。根据经验，一般柔软的叶子内含物质比较丰富，而干瘪较硬的叶子内含物质比较稀缺。同时，一般乌龙茶都有"绿叶镶红边"的特征，太红则是发酵过重，太青则是发酵不足。现在给出几款典型茶叶叶底的特级标准，如表4-8所示。

表4-8　几款典型茶叶叶底的特级标准

| 典型代表 | 叶　底 |
|---|---|
| 安溪铁观音 | 肥厚软亮、匀整、余香高长 |
| 大红袍 | 软亮匀齐、红边或带朱砂色 |
| 名　枞 | 叶片软亮匀齐、红边或带朱砂色 |
| 肉　桂 | 软亮匀齐、红边明显 |
| 单　枞 | 肥厚软亮匀整 |

事实上，品茶不止于喝茶。喝茶主要是为了解渴，满足生理上的需要，往往几口就将一碗茶喝光，没什么讲究。品茶则是为了追求精神上的满足，重在意境，将饮茶视为一种艺术欣赏，要细细品味，徐徐体察，从茶汤美妙的色、香、味、形得到审美的愉悦，引发联想，从不同角度抒发自己的情感。唐代诗人皎然《饮茶歌·诮崔石使君》诗中就描写了他在品茶时的美妙感受："一饮涤昏寐，情思爽朗满天地。再饮清我神，忽如飞雨洒轻尘。三饮便得道，何须苦心破烦恼。"卢仝的《走笔谢孟谏议寄新茶》中也描写了喝七碗茶的不同感受，都是典型的例子。

当然，我们不可能像大诗人那样浮想联翩，也未必都能达到他们那种境界，但是只要自己具有一定的文化修养，注意品饮艺术，从品鉴中获得真趣，陶冶自己的情操，是完全可能的。

## （二）茶席欣赏

### 1. 茶席主题

茶——生活最初的味道。主题茶席如图4-42所示。

图 4-42 主题茶席

## 2. 主题阐述

人生如茶，苦难重重，茶性亦苦，但茶中苦后回甘，让人在品茗时，品味人生，参破真谛。人生如茶，不过是两种姿态，浮与沉；泡茶不过两种姿势，拿起与放下。人生如茶，人之于大千世界不若沧海一粟，茶之本不过是烧水点茶。人生如茶，故在品茶静心的过程中，寻求体悟人生的智慧。品茶，即品人生；茶，即生活最初的味道。

## 3. 茶席特点

（1）整体布局

"大道至简，大音希声"，茶席的布置追求简单质朴、返璞归真，呼应人生如茶的主题。

（2）茶器特色

茶席底布为低调的淡绿色，配上竹制的桌旗、墨绿色的紫砂壶、木制壶垫、黑色水盂、粗陶质地的水壶，木制的底座，皆给人以乡野自然之感。而白色的品杯和玻璃公道，给茶席增添一点亮色，不至于氛围太过敦厚。一抹红花与一盆低矮的绿松左右遥相呼应，不喧宾夺主，却又恰到好处地使整个茶席焕发出生命的活力。茶艺师身着墨绿色茶服，低调地与整个茶席环境融为一体，演绎着人生如茶，茶如人生。

（3）茶品介绍

安溪铁观音，绿叶镶红边，七泡有余香。人生如茶，越老越醇，浮浮沉沉，道法自然。

（4）音乐介绍

《茶禅一味》

品茶品味品人生，由茶感悟人生，即参禅悟道。《茶禅一味》伴奏营造出幽深的的氛围，使表演者更好地静心展示茶艺，也使品茶者品茶时能够感悟茶与人生之境界。

## 4. 一展身手

亲爱的阿拉小茶人，请参考学习任务自主设计一个青茶茶席，并拍照上传"阿拉的一方茶席"。扫一扫下方二维码，查看和上传照片。

扫一扫下方二维码，欣赏茶艺表演《茶——生活最初的味道》。

## （三）茶画品赏

茶画，在中国茶文化里有着独特的艺术魅力，为广大茶人所青睐，从表达方式上属于传统水墨国画；但是从内容上细分，又可归属于文人画。文人画有四个要素，人品、学问、才情和思想，具此四者，方称完善。

### 1. 南宋无名氏：《斗浆图》

《斗浆图》（图4-43），画作以花青、赭石、藤黄为主要色彩，通过明暗烘托以增强立体感和空间感。画中6位斗茶者皆头扎皂色裹巾，上穿齐膝白色或青色襦袄衫，下着白裤，其中三人脚穿草鞋，一人脚穿蓝色布鞋，有一老者赤脚，还有一人脚被遮挡。再现了宋代"诸行百户，衣装各有本色，不敢越外"中的小街商服饰。这些人神态各异、栩栩如生：有的提着茶瓶倒茶，有的边提茶瓶边夹炭理火，有的端茶于嘴边细细品茶，有的手提茶盏似乎在交流着什么……

图4-43 《斗浆图》

在宋代，斗浆即为斗茶之意，无论是平民百姓、茶民茶商，还是文人雅士、皇亲国戚，几乎各个阶层都喜好斗茶。宋代人斗茶时间多选在清明节前后，而斗茶地点却无限制，参与者会以对决的方式来品评茶叶质量，有着比技巧、斗输赢的特点，具有一定的挑战性和趣味性。

作为南宋风俗画的代表作之一，《斗浆图》中所描绘的十分热闹的街头巷尾斗茶情景，在生动展现着宋代斗茶风气之盛的同时，也充分反映了宋代独具特色的斗茶文化和市井生活。

## 2. 唐寅：《事茗图》

唐寅，字伯虎，是明代著名才子画家。唐伯虎为友人陈事茗创作了一幅佳作《事茗图》（图4-44），并将友人名号"事茗"二字嵌入题诗中。这幅描绘庭院书斋生活小景的作品，成为唐伯虎最具代表性的传世佳作。

图4-44 《事茗图》

画的背景是一个青山环抱、溪流围绕的小村，村里有几间茅屋，建于参天古树之下。离茅屋不远的小桥上，有一位老翁正拄着拐杖慢慢行走，后面跟着一个仆人，抱着琴。茅屋里，有一个人好像在等人，旁边的桌子上摆好了茶具；茅屋的侧间，有一人正在烹茶。看来，那老者正是应邀前来品茶的。这幅《事茗图》描绘出清幽静谧的环境，高山流水，生动传神地营造了一种特别的意境。

## 3. 文徵明：《惠山茶会图》

明代文徵明的《惠山茶会图》（图4-45）是一幅著名的茶画，描绘了明代文人聚会品茗的境况。

图4-45 《惠山茶会图》

清明时节，文徵明与好友王守、汤珍、蔡羽、王宠等人一同前往无锡惠山游览，在惠山山麓的"竹炉山房"品茶赋诗，《惠山茶会图》记录的就是他们在山间聚会畅叙的情景。这幅作品整个画面营造出一种闲适、淡泊、幽静的氛围，既展现了暮春时节山林的幽深秀美，也反映了文人生活的闲雅情致。

画面中有五主三仆共八人，有一简陋的茅草井亭，两位主人围绕井栏盘腿而坐，

其中一人静坐观水，另一人展卷阅读。紧挨着井亭，松树下茶桌上摆着精致茶具，桌边方形竹炉上放着茶壶，一童子在取火，另一童子在备器。有一文士似乎刚走到此地，伫立拱手。画面右边亭后曲径上又有两个文士边漫步边聊天，前面有一个书童回头张望他俩。图中的八个人物都刻画得栩栩如生。

##  四、事茶——茶会策划

茶，在社交场合上扮演着越来越重要的角色。所谓"茶会"，是以茶会友的一种形式，轻轻松松地坐在一起喝喝茶，聊聊天，就可以称为一种茶会，常见的有私人茶会、茶叶品鉴会、主题茶会等。

### （一）茶会简介

#### 1. 茶会主题

了解茶会的种类，确定茶会的类型，节日茶会、纪念茶会、喜庆茶会、研讨茶会、品尝茶会、艺术茶会、联谊茶会、交流茶会。

#### 2. 茶会准备

横幅设计、场地布置、坐席布置（流水席、固定席、人人泡茶席）和场地装饰、用具物品准备、休息准备室布置、告示设计、指示牌设计。

#### 3. 茶会组织

明确临时担当的任务以及如何做好，遇到突发问题该如何处理等，以保证会议有条不紊地进行。茶会举办组织要根据茶会的种类，确定茶会的主题、规模、参加的对象、时间、地点、性质、形式及经费预算等。

### （二）情景任务

#### 1. 任务介绍

乌龙茶是台湾的主要产茶种类，源自福建，和大陆的乌龙茶一脉相承。来自台北某学校的小茶人来我们大陆参观学习，带来东方美人茶、冻顶乌龙茶等。为了表示欢迎，我们决定举办一场两岸乌龙茶品鉴茶会，小茶人们切磋茶艺，共话友谊。

#### 2. 茶会策划

根据主题，完成表4-9。

表4-9 茶会策划

| 茶会主题 | |
|---|---|
| 时间地点 | |
| 参与人员 | |
| 组织分工 | 秘书组 ＿＿＿＿＿＿＿ 会务组 ＿＿＿＿＿＿＿ 后勤组 ＿＿＿＿＿＿＿ |
| 场地布置 | |
| 活动流程 | |
| 应急预案 | |
| 邀请函制作 | |

## （三）欣赏茶会

### 1. 禅茶会

禅茶会是茶会形式的一种。通过茶来体现禅，通过禅来提升茶人自我的内心修养和修为。茶本身就是文雅之物，国人饮茶更是早已突破了解渴的低层次需求，在饮茶上更多地是追求一种道，一种情趣，一种境界。于是，很自然地，茶与禅结合到了一起。茶道中人常说"一人品茶，谓之禅茶"，而佛家更是有着"茶禅一味"之说。

①青林问禅茶会（图4-46）

"一瓢能饮千江水，一寺能纳四方僧。千江共汇娑婆海，百僧问禅青林峰。"这是在宁波江北千年古刹宝庆讲寺举行的"青林问禅"茶会。流程有"青林欲渡、吃茶去、放下、青林问禅"等四章。

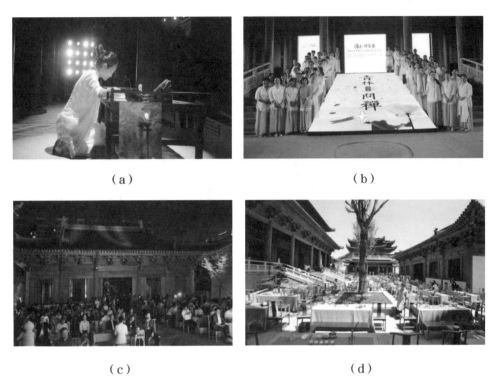

（a）

（b）

（c）

（d）

图 4-46　青林问禅茶会

②百茶宴之"明州茶事，千年之约"（图 4-47）

（a）

（b）

（c）

（d）

图 4-47　百茶宴之"明州茶事，千年之约"

"中国百茶宴"由国家级非物质文化遗产荣经砂器发起，旨在为爱茶人建立一个好茶标本系统，是迄今为止中国茶界规模最大、参与人数最多、历时最长的茶主题的公益活动。这是在宁波阿育王古寺举办的一场茶会。

# 五、茶与生活——茶点

茶点是在茶的品饮过程中发展起来的一类点心。茶点精细美观，口味多样，形小、量少、质优，品种丰富，是佐茶食品的主体。茶点既为果腹，更为呈味载体。它有着丰富的内涵，在漫长的发展过程中，形成了许多花样不同的茶点类型与风格各异的茶点品种。在与茶的搭配上，讲究茶点与茶性的和谐搭配，注重茶点的风味效果，重视茶点的地域习惯，体现茶点的文化内涵等因素，从而创造了我国茶点与茶的搭配艺术。

## （一）地域分类

### 1. 广式茶点

茶点为主、茶为辅，主要是在正餐时间，目的则为果腹。多需要进行加热，比如烧麦、虾饺、肠粉等。如图 4-48 所示。

图 4-48　广式茶点

### 2. 潮汕茶点

茶为主，茶点为辅。茶点主要是在待客冲茶时，辅助食用，多是成品不需要加热，比如南糖、绿豆饼等。如图 4-49 所示。

图 4-49　潮汕茶点

### 3. 苏式茶点

淮扬地区的早茶可以追溯到清前中期。一开始除清茶外，还售卖起干丝、面点等小吃，后来陆续出现鱼汤面、大煮干丝、小笼汤包等早茶新品种。如图 4-50 所示。

（a）大煮干丝　　　　　　　　　　　（b）灌汤包

图 4-50　苏式茶点

## （二）时间分类

### 1. 早茶

现在广东早茶风靡全国各地，广东早茶其实是以品尝美味为主、品茶为辅的一种品饮习俗的延伸。早茶中茶点之多，让人数不胜数，口味有甜有咸，人们各取所好，非常随意，而每一份茶点都小巧精致，如虾饺、蛋挞、七彩蛋卷以及各式小菜等，都以色、香、味俱全而受到人们的喜爱。

## 2. 下午茶

下午茶是餐饮方式之一。下午茶这个概念大约形成于公元 18 世纪中叶的英国，刚开始的时候只是一种晚餐之前的止饥方法。英国贵族的晚餐吃得晚，通常都要到晚上 8 点之后。所以在中餐与晚餐之间，受不了饥饿的人就开始找些东西来果腹，香浓温热的红茶加上糖，或者牛奶（这就成了奶茶），再配上可口的茶点，久而久之，便成了一种惯例。而这样的下午茶惯例，到底都会吃哪些美食呢？

根据亚都丽致饭店英式下午茶点心师傅的说法，传统英式下午茶总是在三层银盘上摆满了令人食指大动的佐茶点心。一般而言，有着三道精美的茶点：最下层是佐以熏鲑鱼、火腿、小黄瓜的美乃滋的条型三明治，中间层则放英式圆形松饼搭配果酱或奶油，最上层则放置令人食指大动的时节性水果塔。

##  六、巩固拓展

（一）做一做

1. 判断：东方美人是轻发酵茶吗？（　　）

2. 单项选择：青茶制作过程中的关键工序是哪个？（　　）

  A. 杀青  B. 揉捻  C. 做青  D. 摇青

3. 多项选择：下列属于武夷岩茶的有（　　）？

  A. 铁观音  B. 大红袍  C. 铁罗汉  D. 漳平水仙  E. 白毫乌龙

（二）选一选

以下哪几种茶具适合冲泡青茶？请在下面打钩。

  （　　）    （　　）    （　　）    （　　）

（三）连一连

请将下列青茶和产地用线连起来。

1. 铁观音　　　　　　　　闽南

2. 大红袍　　　　　　　　闽北

3. 凤凰单枞　　　　　　　广东

4. 包种茶　　　　　　　　台湾

（四）算一算

为了让同学们体验无我茶会的仪式感，陈老师想在学校的操场上举办一场小型的无我茶会。已知操场是一个长 100 米、宽 80 米的长方形。如果大家围成一圈，每两人间隔 1 米，请你算一算最多能安排多少人参加？

【知识链接】

无我茶会：无尊卑之分，抽签决定座位，不设贵宾席；无报偿之心，每人奉茶给左边（或右边）的茶侣；无好恶之心，每人自行携带茶叶，种类不拘；无流派与地域之分，以"简便"为原则，培养团体的默契度。

# 第五站　走进红茶

## 引言：红茶鼻祖——正山小种的故事

扫一扫上方二维码，
听一听红茶录音。

　　阿拉小茶人，前面我们已经学习了不发酵的绿茶、轻微发酵的白茶和黄茶以及半发酵的青茶，接下来我们要学习红茶。红茶有什么变化？红茶的特点是怎么形成的？第一泡红茶起源于哪里？如果你好奇的话，一起来听听下面的这则故事。

　　相传在清道光年间，社会动荡，有一支过路的军队进驻桐木关。桐木关盛产茶叶，茶行众多，于是士兵们就在茶行住宿休息。晚上，他们将仅有七八成干度的茶包铺在地上当床垫。第二天退兵之后，茶行老板回来处理茶包，发现袋中的湿坯茶都变红了，并产生了一种特别的气味。变红的茶如若丢弃很可惜，所以茶农们就将茶置于铁锅中，用松柴明火烘烤。烘干后的茶成了乌色，还因为吸收了松烟而带有松烟香味。茶商原本打算低价处理这些茶叶以便挽回些损失，但在销售时，却意外地引起了外商的兴趣，他们大量订购了这种茶叶。由于销路好，这一制茶之法开始被茶农们传播推广，正山小种的制法便由此诞生了。

　　阿拉小茶人，现在你知道了吧，红茶的发现其实是一个很偶然的事件。但在偶然的事件中，睿智勤劳的茶农们抓住了这个机会，化困难为机遇，不仅使红茶得以问世，而且让自己也获益匪浅。这是制茶历史上的一次伟大进步。这同时也给了我们启示，生活中难免会出现挫折和磨难，但如果能像茶农那样不放弃，因势利导的话，也许前方等待我们的是一片更广阔的天地。接下来，让我们一同走进红茶的世界。

 一、识茶

（一）热身活动：唱一唱

亲爱的小茶人，在认识红茶之前，我们先来学唱一首歌曲——《中国红茶》。

《中国红茶》歌词：

世界东方／千年华夏／一杯中国红茶／留下岁月芳华／人间草木／上古神话／一杯中国红茶／红遍海角天涯／一树一芽，清香淡雅／吸纳天地，吐露精华／青山为居，醉了晚霞／采不完的诗情画／品不够的中国茶／

世界东方／千年华夏／一杯中国红茶／留下岁月芳华／人间草木／上古神话／一杯中国红茶／红遍海角天涯／一树一芽，清香淡雅／吸纳天地，吐露精华／青山为居，醉了晚霞／采不完的诗情画／品不够的中国茶／一舒一敛，绽放潇洒／滋味鲜爽，品出文化／容纳天地，中国红茶／万里茶道的中华／品不够的中国茶。

扫一扫上方二维码，聆听歌曲《中国红茶》。

红茶作为华夏民族的独特发明，让我们华夏儿女倍感自豪。现在，除了出口红茶成品，红茶加工制作工艺也流传到了海外。但你知道吗？中国红茶其实不止一种茶！海外又有哪些著名的红茶种类？亲爱的阿拉小茶人，接下来让我们一起认产区、画地图吧！

（二）红茶分布

**1. 认产区**

红茶虽然源自中国，但中国大众的口味倾向于喝"原汁原味"的绿茶。然而在世界范围内，红茶的接纳度远远高于其他茶类。其中，红碎茶是国际茶叶市场的大宗产品，占全球出口量的80%左右。红茶的产地也遍及世界各地。其中，中国的祁门、印度的大吉岭、斯里兰卡的乌瓦被誉为世界三大名茶产地。另外，肯尼亚、尼泊尔、印度尼西亚的红茶产业也在蓬勃发展。

中国主要的红茶产区分布在江南茶区的安徽、浙江、江西、江苏等地，华南茶区的广东、广西、海南、福建、台湾等地，以及西南茶区的云南、四川等地。

（1）印度和斯里兰卡的红茶产区（图5-1）

中国的种茶历史虽然很悠久，但印度和斯里兰卡的自然条件更适合种植红茶。因此这两个国家也是重要的红茶产区，红茶出口量很大。印度是世界上红茶产量最大的国家，主要产区在印度东北部的阿萨姆、大吉岭以及南部的尼尔基里，其中阿萨姆是全球最大的红茶产地。斯里兰卡的红茶产区在其南部的中央山脉一带。

（a）印度红茶

（b）斯里兰卡红茶

图5-1　印度红茶产区和斯里兰卡红茶产区

【知识链接】东非和印尼的红茶产区

　　东非的气候、环境非常适合茶树的生长，其红茶产量在世界上名列前茅，属于20世纪新兴的产茶地区之一，其中肯尼亚产的红茶质量最佳。印尼也是一个有着悠久的茶树栽培历史的国度，其茶区以爪哇岛及苏门答腊为中心。

　　（2）中国红茶产区

　　江南茶区的典型代表有安徽的祁门红茶，浙江的九曲红梅、越红工夫茶和湖红工夫茶。

　　华南茶区的典型代表有红茶鼻祖福建的正山小种，广东的英德红茶，福建的政和工夫红茶、白琳工夫茶和坦洋工夫茶。

　　西南茶区的典型代表有云南的滇红茶，四川的川红工夫茶。

　　江北产区的典型代表有湖北的宜红工夫茶。

## 2. 画地图

　　请阿拉小茶人根据上面的介绍，在空白的中国地图上（图5-2）给红茶的产区填上红色，并写出省份名称。

中国地图

图 5-2 中国行政区划图

## （三）名茶介绍

红茶性温，暖胃护胃。挑选红茶，除了当今世界四大红茶名茶——中国祁门红茶、印度阿萨姆红茶、印度大吉岭红茶和斯里兰卡红茶外，国内还有许多我们容易购买到的好茶。你想了解它们吗？今天，我们就来走进红茶的几款著名品种。

### 1. 福建：正山小种

正山小种（图 5-3），产于福建省崇安县（1989 年崇安撤县设市，更名为武夷山市）星村乡桐木关一带，也称为"桐木关小种"或"星村小种"。它是世界上最早的红茶，亦称红茶鼻祖，至今已有 400 多年的历史。正山小种的叫法来源：由于茶叶市场竞争激烈，出现了正山茶与外山茶之争，正山含有正统、正宗之意。桐木及与桐木周边相同海拔、相同地域，用相

图 5-3 正山小种

同的一种传统工艺制作的品质相同，独具桂圆汤味的统称"正山小种"。"正山小种"地处武夷山脉北段，海拔较高，冬暖夏凉，气温适宜，降水充足，茶园土质肥沃，茶树生长繁茂，叶质肥厚，持嫩性好，成茶品质特别优异。

## 2. 安徽：祁门红茶

祁门红茶（图5-4）是世界三大高香红茶之一，也是我国传统工夫红茶的珍品，主要产于安徽省祁门县，与其毗邻的石台、至东、影县及贵池等县也有少量生产。这些地区土壤肥沃，腐殖质含量高，早晚温差大，常有云雾缭绕，且日照时间较短，构成了茶树生长的天然佳境，也酿成了"祁门红茶"特殊的芳香气味。祁门红茶品质超群，被誉为"群芳最"。

图5-4 祁门红茶

祁门红茶享誉海外。英国人喜爱祁门红茶，皇家贵族把它当作时髦饮品，称它为"茶中英豪"。日本消费者也爱饮用祁门红茶，称其香气为"玫瑰香"。"祁门红茶"曾获1915年巴拿马万国博览会金质奖。

【知识链接】祁门红茶的传说

据历史记载，清光绪前，祁门生产绿茶，品质好，称为"安绿"。光绪元年(1875)，黟县人余干臣从福建罢官回原籍经商，在至德县（今至东县）设立茶庄，仿照"闽红"制法试制红茶，一举成功。由于茶价高、销路好，人们纷纷相应改制，逐渐形成"祁门红茶"，与当时国内著名的"闽红""宁红"齐名。在国际红茶市场上亦引起了茶商的极大注意，日本商人称其为玫瑰，英国商人称之为"祁门"。

祁门当地还流传着一个神话传说：神农尝百草得一种有提神醒脑功效的树叶，王母娘娘派天将要求其献宝。神农告诉他们这是"奇山奇宝"。于是玉帝命天将下去寻找。从天上下来后，神农把奇宝送给了一对聪明的青年夫妇。小两口发现奇宝是些树种，就种了下去。第二年，茶树开花结果。村里人听说了都来讨要茶籽。茶籽分完了，善良的妻子便想了个办法，她从树上采些嫩叶，揉了揉，又渥了渥，结果树叶变红了，将变红的叶子烘干，煮了水给乡亲们喝。人们喝着这红汤水，觉得清香无比，提神解疲，高兴得连连称赞："真是奇宝！"随后人们便把小两口住的地方称为奇山，把他俩的家称为奇门。后来有一天，有两个人来到他们的家门口，向小两口问道："大哥，大嫂，你们这里可叫奇山，你俩的家门可叫奇门？"当夫妻二人得知他们是天上来的神仙，聪明的妻子便回答道："这儿叫祁山、祁门，不叫'奇山''奇门'。"两人听完就告辞了。奇宝差点就被玉帝抢到天上去了。从此祁门的祁山就盛产"祁门红茶"了。

### 3. 云南：滇红

滇红（图5-5）产于云南凤庆、临沧、双江等地，又称滇红工夫茶，属大叶种类型的工夫红茶，是我国工夫红茶的新葩。它以外形肥硕紧实、金毫显露、香高味浓而独树一帜，在世界茶叶市场中享有较高声誉。产于凤庆、云县、昌宁等地的滇红，毫色多呈菊黄；产于勐海、临沧、普文、双江等地的滇红，毫色多呈金黄。滇红冲泡后，香郁味浓。香气以滇西的云县、目宁、凤庆所产为好，不但香气高长，而且带有花香。

图5-5 滇红

### 4. 印度：大吉岭红茶

大吉岭红茶（图5-6），产于印度西孟加拉国邦北部喜马拉雅山麓的大吉岭高原一带。当地年均气温15℃左右，白天日照充足，但日夜温差大，谷地里常年弥漫云雾，是孕育此茶独特芳香的一大因素。大吉岭红茶拥有高昂的身价。其中以五月、六月的二号茶品质最优，被誉为"红茶中的香槟"。其汤色橙黄，气味芬芳高雅，上品尤其带有葡萄香，口感细致柔和。

图5-6 大吉岭红茶

大吉岭红茶最适合清饮，但因为茶叶较大，需稍久焖使茶叶尽情舒展，才能得其真味。下午茶及进食口味深的盛餐后，最宜饮此茶。

### 5. 斯里兰卡：锡兰红茶

锡兰，是斯里兰卡共和国的旧称。锡兰红茶（图5-7），出产于斯里兰卡，是一种统称，又被称为"西冷红茶""惜兰红茶"，该名称源于锡兰的英文Ceylon的发音，直接音译而来。其主要品种有乌沃茶、汀布拉茶和努沃勒埃利耶茶等。乌沃茶汤色橙红明亮，上品的汤面环有金黄色的光圈，犹如加冕一般。乌沃茶非常适合清饮，还能享有欣赏金光环汤面的乐趣，

图5-7 锡兰红茶

但因较涩，也常加鲜奶或柠檬再品味，适合于日间饮用。汀布拉茶的汤色鲜红，滋味

爽口柔和，带花香，涩味较少。汀布拉茶含酚性物较少，适合做冰红茶，或加入薄荷、肉桂等香料，调制成加味红茶。努沃勒埃利耶茶无论色、香、味都较前两者淡，汤色橙黄，香味清芬，口感稍近绿茶，亦宜清饮，淡雅别具一格。

锡兰红茶以卓越的品质、纯正的口感得到越来越多人的了解和认可。锡兰红茶被称为"献给世界的礼物"！

## 6. 浙江：九曲红梅

九曲红梅（图5-8）产自浙江杭州，又称"九曲乌龙"，简称"九曲红"，是工夫红茶中的珍品，也是绿茶产区的一款经典红茶。"九曲红梅"素以形如鱼钩、色泽乌润、汤色红艳、香似红梅而著称，产于西湖区双浦镇，尤以湖埠大坞山所产品质最佳。大坞山高500多米，山顶为一盆地，沙质土壤，土质肥沃，四周山峦环抱，林木茂盛，遮风避雪，掩映烈阳；地临钱塘江，江水蒸腾，山上云雾缭绕，适宜茶树的生长和品质的形成。

图5-8 九曲红梅

九曲红梅的特点全部包含在它的名字里："九"表示数量多，因为这款茶都是由细嫩芽头做成；"曲"代表它的外形特征，弯曲如钩；"红"是指茶汤颜色为红色；"梅"指出它的香气特点，含有梅花香。

## （四）制作工艺

阿拉小茶人，细心的你有没有注意到名茶介绍中出现的一些茶类专有名词，小种红茶、工夫红茶、红碎茶？为什么会有这些分类？它们之间有什么区别？为了解决你的困惑，下面就让我们从红茶的制作工艺中来一探究竟吧。

## 1. 红茶的工艺

红茶的加工工艺是在青茶的基础上更进一步，将发酵进行到底，以形成红汤红叶的品质。所以发酵是红茶品质形成的关键工序，俗称全发酵。红茶以茶树新芽叶为原料，经萎凋、揉捻、发酵、干燥等典型工艺精制而成。

下面我们通过图5-9来了解红茶的主要加工过程。

粗看，红茶的这些加工工序在青茶部分已经出现过，那么两者之间存在哪些不同？让我们来仔细看一看吧！

（a）萎凋　　　　（b）揉捻　　　　（c）发酵　　　　（d）干燥

图 5-9　红茶制作流程

（1）小种红茶的工艺流程

小种红茶的加工工艺分为初加工和精加工。初制工艺分别为鲜叶采摘、萎凋（熏烟）、揉捻、解块、发酵、熏焙（干燥）、毛茶。借助图 5-10 至图 5-15 来简单了解小种红茶的初制流程。

①鲜叶采摘（图 5-10）

鲜叶要求芽、叶、嫩茎新鲜、匀净，无其他非茶类杂质，采摘以单芽、一芽一叶、一芽二叶、一芽三叶或同等嫩度对夹叶为宜。

（a）　　　　　　　　　　　（b）

图 5-10　鲜叶采摘

②萎凋（熏烟，图 5-11）

（a）　　　　　　　　　　　（b）

图 5-11　萎凋

先自然萎凋再加温萎凋，摊叶要求抖散、摊平，呈蓬松状态，保持厚薄一致。用松柴燃烧产生的热量提高室内萎凋温度。

③揉捻、解块（图5-12）

传统制法手工揉捻。现在多采用机子揉捻，装叶量以自然装满揉筒为宜，以"轻—重—轻"原则交替进行。

（a）　　　　　　　　　　（b）

图5-12　揉捻、解块

④发酵（图5-13）

发酵要注意控制温度、相对湿度、时间，并保持空气流通，以满足发酵过程中所需氧气；叶面积50%—80%的色泽达到红黄色至黄红色，透露花果香为适度。

（a）　　　　　　　　　　（b）

图5-13　发酵

⑤熏焙（干燥，图5-14）

熏焙是小种红茶特有的干燥工序，将发酵叶薄摊于竹筛上，利用松柴燃烧产生的热量和烟气，进行干燥。茶叶吸收烟味，形成小种红茶特殊松烟香味。实施这道工序

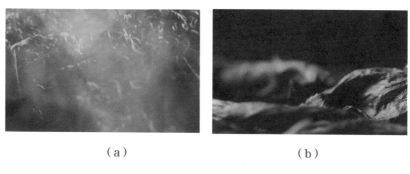

（a）　　　　　　　　　　（b）

图5-14　熏焙

的地点叫"青楼"。

⑥毛茶（图5-15）

干燥温度宜保持在70 ℃左右，历时6—12小时，毛茶含水量至7%左右。

小种红茶的精制工艺为毛茶、筛分、风选、拣剔、拼配匀堆、补火（熏焙）、成品。这些流程也与青茶类似。不同的地方是补火环节，若毛茶烟味不足，则置于熏烟房中，经1—4小时熏烟，熏至茶叶烟味足、含水量小于7%。

（a）　　　　　　　　　　　（b）

图 5-15　毛茶

为更好地理解正山小种的制作工艺，

让我们一起扫一扫上方的二维码，通过纪录片来看看茶农们的日常制茶过程。

【知识链接】过红锅

过红锅工艺是正山小种最原始的制作工艺，这道工艺曾一度失传。它的原理是将发酵过的茶叶放在近200℃的锅内，经过3—5分钟快速摸翻抖炒，使茶叶迅速停止发酵；走掉茶叶中的青草气，让茶叶中的芳香物质充分活跃，让茶叶的醇度和甜度得以提升。

【知识链接】青楼

提及"青楼"（图5-16），有人觉得那是古时候美酒佳肴、弦管笙歌的地界。而在这里，它却是成就世界第一杯红茶——正山小种"松烟香、桂圆汤"的关键所在。

在桐木村，你会发现阁楼造型、木质结构、错落有致的连排房屋，隐映于茶山、村落之中，因其专用于茶青萎凋和烘干，当地人俗称为"青楼"，也就是我们所说的萎凋楼。"上青楼"是当地人在做茶时常说的口头禅，也是对正山小种萎凋工序的形象解释，是正山小种的关键工序之一。

"青楼"整体是三层的木构建筑。主楼的楼墙、柱、门通常都用杉木，两头和中间加三道砖墙，起到防火和空间分隔的作用，中间毛石基础的砖墙把主楼分为东、西

两部分，东、西两边各有几间青间和焙间，焙间下面设窑。"菱凋""熏焙""复焙"的工序都在青楼里完成。

（a）

（b）

图 5-16 青楼

（2）工夫红茶的工艺流程

工夫红茶由小种红茶演化而来。工夫红茶的加工工艺，也分为初加工和精加工。初加工工艺流程为鲜叶、菱凋、揉捻、解块、发酵、干燥、毛茶。初制时特别注重条索的完整紧结。精加工工艺流程为毛茶、筛分、风选、拣剔、拼配匀堆、补火、成品。因其制作精细，所以称为"工夫"红茶。

仔细对比小种红茶加工工艺，能够发现两者之间大同小异。具体区别如表5-1。

表 5-1 工夫红茶和小种红茶的区别

| 区　别 | 工夫红茶 | 小种红茶 |
|---|---|---|
| 菱凋 | 无熏烟 | 有熏烟 |
| 发酵 | 叶面积 70%—80% 的色泽<br>达到红黄色 | 叶面积 50%—80% 的色泽<br>达到红黄色 |
| 干燥 | 毛火、摊凉、足火 | 熏焙 |
| 补火 | 无烟干燥，含水量 6%—8% | 熏烟干燥至含水量 7% |

【知识链接】茶叶发酵

发酵一般是在发酵室进行。发酵要掌握适宜的温度、湿度和氧气量。茶叶在发酵

过程中会进行众多复杂的化学反应，如茶多酚氧化酶的氧化聚合反应。在红茶制作过程中，经验丰富的师傅们可以通过香气和叶色的变化来判定发酵程度。香气的变化——由青草气味逐渐转向熟香；叶色的变化——青绿色慢慢转化为紫铜色。发酵不仅使茶叶色泽乌黑，水色叶底红亮，并且使茶叶的香气和滋味也发生了变化，具有水果香气和醇厚滋味，从而形成了红茶、红汤、红叶和香甜味醇的品质特征。

扫一扫上方二维码，观看红茶发酵过程。

【知识链接】影响发酵的因素

①温度

室温通常控制在20℃—25℃，发酵的叶温保持在30℃左右为宜。如叶温超过40℃，要进行翻拌散热，以免发酵过分激烈，使毛茶香低味淡、色暗。尤其是在高温季节里要采取降温措施，摊叶要薄，以利散热降温；反之，气温较低时，摊叶要厚，必要时采取一些保温措施。

②湿度

空气湿度保持在90%以上，有利于提高多酚氧化酶的活性，有利于茶黄素的形成和积累；反之，发酵时空气湿度过低，不利于茶多酚的酶促氧化，使非酶促氧化加剧，造成汤色和叶底都变暗，滋味淡薄。

③摊叶厚度

摊叶厚度一般在8—12厘米。嫩叶和叶型小的要薄摊，老叶和叶型大的要厚摊。气温低时要厚摊，气温高时应薄摊。但无论厚摊或薄摊，摊放叶子要保持发酵时通气良好。发酵过程中应翻拌一次，以利于散热通气。

④发酵时间

工夫红茶的发酵时间一般为2—3小时，红碎茶发酵时间一般在30—90分钟。发酵叶青草气消失，出现一种新鲜的、清新的花果香，叶色红变，即为发酵适度。一般春茶呈黄红色，夏茶呈红黄色。

（3）红碎茶的工艺流程

红碎茶的加工工艺也分为初加工和精加工。初加工工艺流程为鲜叶、萎凋、揉切、解块筛分、发酵、干燥、毛茶。精加工工艺流程为毛茶、筛分、风选、拣剔、拼配匀堆、补火、成品。红碎茶的加工流程几乎与工夫红茶的一致，但每个工序的程度略有不同。形成外形特点最关键的工序就是揉切，使最后的茶叶成品为颗粒状。如表5-2所示。

表 5-2　红碎茶的工艺流程

| 工 序 | 红碎茶 |
|---|---|
| 鲜叶 | 原料较小种红茶和功夫红茶要求放低 |
| 萎凋 | 嫩叶薄摊、老叶厚摊 |
| 揉切 | 采用 C.T.C 揉切机或转子式揉切机组进行揉切，将萎凋叶切细，并使茶颗粒紧卷重实。或采用大型揉捻机（如 90 型）进行，装叶量以自然装满揉筒为宜。加压应掌握轻—重—轻的原则，以揉捻叶紧卷成条，有少量茶汁溢出为宜；时间宜 30—40 分钟，成条率 80% 以上；叶色绿中带黄，发出浓烈的青草气。筛分后，筛下茶为叶茶，直接发酵；筛上茶用揉切机揉切，切后筛分，筛头进入转子机反复揉切，直到仅有少量茶头为止 |
| 发酵 | 中小叶薄摊，大叶厚摊，以青气消失为宜 |
| 干燥 | 毛火和足火，含水量 4%—6% |

随着红碎茶的生产遍及世界各地，产生了几种不同的制茶方法：传统制法制红碎茶、转子制法制红碎茶、C.T.C 制法制红碎茶、L.T.P 制法制红碎茶。

【知识链接】红碎茶制法

①传统制法

传统制法是指最早制造红碎茶的方法。这种制法生产叶茶、碎茶、片茶、末茶四种产品。该类产品外形美观，但内质香味刺激性较小，因成本较高，质量上风格难于突出，目前中国仅很少地区生产。

②转子制法

转子制法是指在揉切工序中使用转子机切碎红碎茶的方法。这种制法能生产叶茶、碎茶、片茶、末茶四类产品。该茶除具有外形美观和色泽乌润的优点外，内质浓强度较传统红碎茶好，而且成本较低。现中国大部分国营茶场茶厂都按此法生产。

③C.T.C 制法

C.T.C 制法是指揉切工序采用 C.T.C 切茶机切碎制成红碎茶的方法（图 5-17）。C.T.C 制法红碎茶无叶茶花色。碎茶结实呈颗粒状，色棕黑油润，内质香味浓强鲜爽，汤色红艳，叶底红艳匀齐，是国际卖价较高的一种红茶。

图 5-17  C.T.C 制法红碎茶

④ L.T.P 制法

L.T.P 制法是指用劳瑞式的锤击机切碎红茶的方法。碎茶颗粒紧实匀齐,色泽棕红,欠油润,中低档茶显枯滞。香味鲜爽欠浓强,叶底红艳细匀,漂水时散成细小粉末。

扫一扫上方二维码,了解红碎茶的制法。

## 2. 红茶的分类

根据上面的制茶工艺,红茶还可以分为小种红茶、工夫红茶和红碎茶。那么它们旗下分别有哪些品种呢?我们来具体了解一下。

（1）小种红茶

小种红茶是福建省的特产,有正山小种和烟小种之分（也称人工小种或外山小种）。人工小种有坦洋小种、政和小种、古田小种和东北岭小种。在小种红茶中,唯正山小种百年不衰。

①正山小种

正山小种（图 5-18）茶叶是用松针或松柴熏制而成,有着非常浓烈的香味。因为熏制的原因,茶叶呈灰黑色,但茶汤为深琥珀色。提到正山小种,不得不提它的一个重要分支——金骏眉。

金骏眉以武夷山市星村镇桐木村为中心的武夷山国家级自然保护区内的高山茶树单芽为原料,采用独特的工艺制作而成,具有"汤色金黄,汤中带甘,甘里透香"的品质特征。

图 5-18  正山小种

②烟小种

正山以外的政和、坦洋、古田、沙县及江西铅山等地所产的仿照正山品质的小种红茶（图 5-19）,统称为"外山小种"或"人工小种"。外山小种的制茶工艺参照

正山小种，两者的唯一区别就是茶叶的产地不同。

图 5-19　小种红茶

（2）工夫红茶

我国的工夫红茶都按所产地区命名，著名的有祁门工夫茶、滇红工夫茶、闽红工夫茶、宁红工夫茶等。工夫红茶按品种又分为大叶工夫茶和小叶工夫茶。以乔木或半乔木茶树鲜叶为原料制成的工夫红茶称为大叶工夫茶，以灌木型小叶种茶树鲜叶为原料制成的工夫红茶称为小叶工夫茶。

①祁门工夫

祁红（图 5-20）采制工艺精细，采摘一芽二叶、一芽三叶的芽叶作原料，经过萎凋、揉捻、发酵，使芽叶由绿色变成紫铜红色，香气透发，然后进行文火烘焙至干。它以条形紧秀，锋苗好，色有"宝光"和香气浓郁著称于世。

图 5-20　祁红

②滇红工夫

滇红（图 5-21）采用优良的云南大叶种茶树鲜叶，先经萎凋、揉捻、发酵、烘烤等工序制成成品茶。滇红的品质特点是条索肥壮紧结，重实匀整，色泽乌润带红褐，茸毫特多。毫色有淡黄、菊黄、金黄之分。

图 5-21　滇红

③九曲红梅

浙江的九曲红梅（图 5-22）采用谷雨后的鲜叶进行阴摊、萎凋、揉捻、发酵、干燥等工序制成。而同一株茶树上的叶子在谷雨前用绿茶工艺则制成有名的西湖龙井。

图 5-22　九曲红梅

（3）红碎茶

红碎茶（图 5-23）是一种碎片或颗粒茶叶，是国际茶叶市场的大宗产品，占全球茶叶总出口量的 80% 左右，有百余年的产制历史。红碎茶的关键工序就是用切茶机切割，将条形茶切成短小而细的碎茶，红碎茶则正式出现。大叶种红碎茶颗粒紧结重实、有金毫，色泽乌润或乌泛棕；中小叶种红碎茶颗粒紧卷。

图 5-23　小种红茶

#  二、行茶

了解完各色红茶后，阿拉小茶人是不是很想亲手冲泡一杯红茶，品饮一番？这时候，选择合适的茶具非常重要。"白玉杯中玛瑙色，红唇舌底梅花香"是弘一法师曾用来形容九曲红梅神韵的诗句，从中也能看出冲泡、品饮红茶时，应选用白瓷比较合适，以便观茶汤。

## （一）茶器选择

瓷器是冲泡红茶的不二选择，不会吸收茶汤和茶叶的香气，能最本质地还原出茶叶原来的滋味。我们在很多古装剧里都看到过喝茶的情景，比如《步步惊心》里雍正爷拿盖碗喝茶，《红楼梦》中林黛玉也用盖碗喝茶。下面我们来了解一下瓷器的演变。

### 1. 瓷器演变的几个重要阶段

①唐代越窑青瓷

越窑青瓷（图 5-24）是中国古代最著名的青瓷窑系，起源于魏晋南北朝时期。经考古调查证明，它的主要产地在浙江的绍兴、上虞地区。中国最早的瓷器在越窑的龙窑里烧制成功。因此，越窑青瓷被称为"母亲瓷"。越窑持续烧制了 1000 多年，于北宋末南宋初停烧，是中国持续时间最长、影响范围最广的窑系。越瓷的特点是胎骨较薄，施釉均匀，

图 5-24　唐越窑青瓷荷叶带托盘茶

釉色青翠莹润，光彩照人。越瓷不但是供奉朝廷的贡品之一，而且是唐代的一种重要贸易陶瓷。同时越瓷与唐代精美工艺品和文苑艺术交相辉映，在工艺美术领域开创了一个新的世界。

②宋代五大名窑

汝窑、官窑、哥窑、定窑、钧窑并称为宋代五大名窑。

汝窑位于五大名窑之首，窑址在今河南省汝州市张公巷。汝窑以青瓷为主，"釉

色天青色""蟹爪纹""香灰色胎""芝麻挣钉"等是鉴别汝窑的重要依据，如图5-25所示。

官窑由官府直接营建，分北宋官窑和南宋官窑。为了做出区分，北宋官窑被称为"旧官"，南宋官窑就称为"新官"。其中，"旧官"厚重，"新官"轻薄。瓷器主要为素面，既无华美的雕饰，又无艳彩的涂绘，最多使用凹凸直棱和弦纹为饰。底端刮釉露胎处呈黑褐或深灰色，称为"紫口铁足"。如图5-26所示。

图5-25 北官窑粉青釉敞口杯

图5-26 宋汝窑盏托

哥窑与官窑类同，也有紫口铁足，也有开片。哥窑将"开片"的美发挥到了极致，产生了"金丝铁线"这一哥窑的典型特征。釉面大开片纹路呈铁黑色，称"铁线"，小开片纹路呈金黄色，称"金丝"。"金丝铁线"使平静的釉面产生韵律美。宋代哥窑瓷器以盘、碗、瓶、洗等为主，如图5-27所示。哥窑是浙江龙泉青瓷两大瓷器之一，另一个是"弟窑"。弟窑又称"龙泉窑"，主打白胎和朱砂胎青瓷，如图5-28所示。

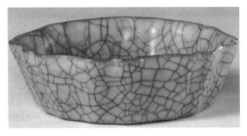

图5-27 宋哥窑葵花洗

图5-28 宋弟窑灰青釉开片碗

【知识链接】哥弟窑的传说

传说有一对兄弟，哥哥叫章生一，弟弟叫章生二。兄弟俩各烧一窑。哥哥的窑，生意特别好，弟弟多少有点儿羡慕嫉妒。有一天他在哥哥的窑快出窑的时候，往里泼冷水，导致这个瓷器开片了。开片是缺陷，但是中国的文人却把这种缺陷上升到美学高度，变成缺陷美。因此哥窑反而变得更为值钱。而开片的特征，也被叫作金丝铁线。由于它的胎是黑的，所以在口不合足部露胎处，呈现了紫口铁足这样一个特征。

定窑是宋代五大名窑中唯一烧造白瓷的窑场。定窑窑址在河北曲阳。"定州花瓷瓯，颜色天下白。"定窑之所以能显赫天下，一方面是因为色调上属于暖白色，细薄

润滑的釉面白中微闪黄，给人以湿润恬静的美感，另一方面，则因为其善于运用印花、刻花、划花等装饰技法。如图5-29所示。

钧窑也有钧官窑和钧民窑之分，钧官窑窑址在河南省禹州市（时称钧州）。钧窑虽然也属于青瓷，但它不是以青色为主的瓷器。钧窑的颜色还有玫瑰紫、天蓝、月白等多种色彩。专家指出，"钧红"的烧制成功开创了一个新境界。钧窑的典型特征就是"蚯蚓走泥纹"，它的形成是因钧瓷的釉厚且黏稠，所以在冷却的时候，有些介于开片和非开片之间的被釉填平的地方，会形成像雨过天晴以后，蚯蚓在湿地爬过的痕迹，如图5-30所示。

图5-29 宋定窑　　　　　　　图5-30 宋钧窑碗

③元代青花瓷

景德镇制瓷以"白如玉、明如镜、薄如纸、声如磬"享誉中外，因而千百年来景德镇又有中国瓷都之称。

景德镇制瓷历史可追溯到东汉时期，当时生产的是陶瓷，之后进一步发展为瓷器阶段。宋代，制瓷技术达到时代的高峰。元代，创新出青花白瓷和釉里红瓷。青花白瓷（图5-31）是用青花色料在瓷胎上作画。釉里红瓷，在轴下呈现红色花纹。结合釉里红色料与青花色料所制瓷器就称"青花釉里红"，被誉为"人间瑰宝"。

图5-31 青花瓷

后来，又发展出釉上五彩瓷器、铜红釉和其他单色釉瓷。景德镇作为瓷都，始终代表着同时代的最高制瓷水平。

④明清彩瓷

彩瓷，亦称彩绘瓷，汉族传统名瓷之一，是器物表面上加以彩绘的瓷器，主要有釉下彩瓷和釉上彩瓷两大类。釉下彩始于三国时期东吴釉下彩绘瓷。唐代有唐青花，以及长沙窑等釉下彩绘瓷。明清时期开始出现釉上彩（粉彩），同时也是彩瓷发展的鼎盛期，以景德镇窑成就最为突出。

彩瓷（图5-32）包括斗彩、粉彩、五彩、珐琅彩、颜色釉等。

　　粉彩瓷是珐琅彩之外，清宫廷又一创烧的彩瓷。粉彩瓷装饰画法上的洗染，吸取了各姐妹艺术中的营养，采取了点染与套色的手法，使所要描绘的对象，无论是人物还是山水、花卉、鸟虫都显得质感强，明暗清晰，层次分明。

（a）斗彩

（b）粉彩

（c）单色釉

（d）五彩

（e）珐琅彩

图 5-32　彩瓷

　　现代，人们一般选择杯身内壁为白色的瓷器，这样可以很好地观赏茶汤。想象一下，如果内壁是深色的，你还能看清茶汤的明暗深浅吗？另外要注意，在选购瓷质茶具时最好选器壁较薄的，这样不但能很好地透出茶的色泽，还能长久保持茶汤的温度。

## （二）冲泡要素

　　备好茶叶及茶具，要想冲泡一杯好茶，还需要注意冲泡的三要素。

### 1. 泡茶水温

　　对于以芽头为主要原料制成的高档红茶，最适宜水温在 95℃左右，对于普通红茶以沸水为宜。

### 2. 茶叶用量

　　红茶的茶水比例一般是 1∶30，具体可以根据个人的口味进行调整。喜爱浓茶的可以多放些茶叶，不喜浓茶的则可减少茶叶投放量。

### 3. 冲泡时间

　　根据茶叶特征选择冲泡时间，茶叶滋味浓郁可以冲泡后立即出汤，若茶叶滋味较

清淡，可以坐杯15—20秒后出汤，随后可相应延长时间出汤。

## （三）行茶方法

红茶品饮，主要有中式清饮和西式调饮（英式下午茶）两种。中国人喜爱清饮泡法，国外则流行调饮法。

### 1. 中式清饮法

清饮红茶是指冲泡红茶时，不加入任何调味品，注重感受红茶本身的色、香、味。下面我们以红茶盖碗泡法为例，介绍红茶的清饮法：在品饮时，先预备洁净的杯或壶，取适量红茶（一般每杯3—5克），先观其形，后放入杯中或壶中，注入沸水，加盖，静置。打开盖先闻其香，再观其汤色，然后品饮。工夫红茶一般冲泡2—3次，红碎茶一般冲泡1—2次，闻香，观色，品饮。

（1）备具

建议准备茶盘、盖碗、茶道组、茶叶罐、茶荷、茶巾、随手泡、水盂、品茗杯，如表5-3所示。

表5-3 器具准备

| 器具名称 | 数 量 | 质 地 |
|---|---|---|
| 茶盘 | 1 | 竹制 |
| 盖碗 | 1 | 瓷质或玻璃 |
| 茶道组 | 1 | 竹制 |
| 茶叶罐 | 1 | 瓷质或玻璃 |
| 茶荷 | 1 | 陶瓷或玻璃 |
| 茶巾 | 1 | 棉质 |
| 随手泡 | 1 | 玻璃 |
| 水盂 | 1 | 陶瓷或玻璃 |
| 品茗杯 | 3 | 陶瓷 |

### 2. 流程

茶盘备具如图5-33所示。

图 5-33　茶盘备具

茶席布具如图 5-34 所示。

图 5-34　茶席布具

（2）流程

①赏茶（图 5-35）

双手托茶荷，手臂弯曲，身体从左至右转动。

（a）　　　　　　　　（b）　　　　　　　　（c）

图 5-35　赏茶

②温碗（图 5-36）

开盖，注水至碗的三分之一处，温盖碗。

（a）　　　　　　　　　　　　（b）

图 5-36　开盖注水

温碗时手持盖碗，逆时针转一圈，如图 5-37 所示。

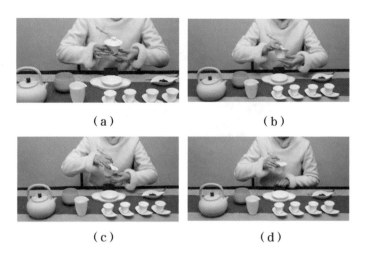

（a）　　　　　　　　　　（b）

（c）　　　　　　　　　　（d）

图 5-37　温碗

③温杯（图 5-38）

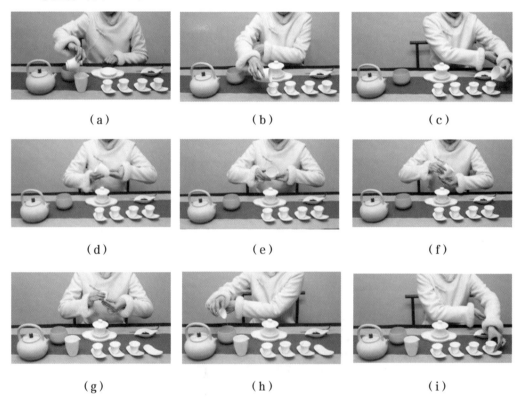

（a）　　　　　　　　（b）　　　　　　　　（c）

（d）　　　　　　　　（e）　　　　　　　　（f）

（g）　　　　　　　　（h）　　　　　　　　（i）

图 5-38　温杯

逆时针温公道杯和茶杯。公道杯中的水依次注入品茗杯。温杯，弃水。剩余的水温公道杯，弃水。

④置茶（图 5-39）

双手取茶荷，交与左手，右手取茶匙徐徐拨入盖碗。

（a）　　　　　　　　　　　（b）

图5-39　置茶

⑤浸润泡（图5-40）

逆时针注水，浸没茶叶，加盖摇香。（适用于细嫩红茶，同名优绿茶。）

（a）　　　　　　　　　　　（b）　　　　　　　　　　　（c）

图5-40　浸润泡

⑥冲泡（图5-41）

定点冲泡至八分满，加盖。

（a）　　　　　　　　　　　（b）　　　　　　　　　　　（c）

图5-41　冲泡

⑦出汤（图5-42）

盖碗出茶汤于公道杯。公道杯底蘸下茶巾，保持干燥，随后依次低斟4杯。

（a）　　　　　　　　　　　（b）　　　　　　　　　　　（c）

图5-42　出汤

⑧奉茶（图5-43）

手握杯托奉茶给宾客，行伸掌礼并说："请用茶。"

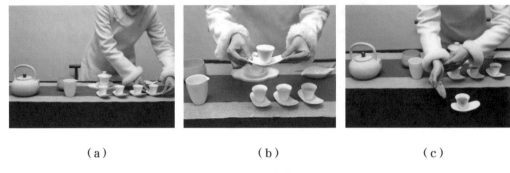

（a） （b） （c）

图5-43 奉茶

⑨收具（图5-44）

取出茶盘，把各茶具按"从右往左，从近到远"的顺序依次放入茶盘。

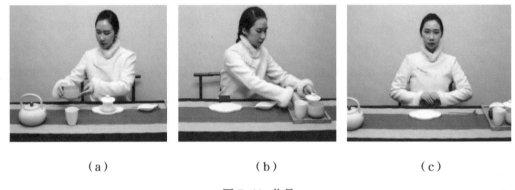

（a） （b） （c）

图5-44 收具

（3）茶艺欣赏

扫一扫上方二维码，欣赏红茶盖碗泡法茶艺流程。

## 3. 西式调饮法

调饮泡法，是在茶汤中加入调料，如加入糖、牛奶、柠檬、咖啡、蜂蜜等，会得到意想不到的美味。下面我们介绍几款常见调饮茶的做法。

（1）果汁冰茶

果汁冰茶，适合在炎热的夏季饮用。其备料、做法、成品如表5-4。

表 5-4　果汁冰茶制作表

| 备　料 | 做　法 | 成品图 |
|---|---|---|
| 红茶 8 克（材料 2 人份）<br><br>热水 100 毫升<br><br>苏打水 100 毫升<br><br>鲜榨葡萄柚汁、鲜榨橙汁（混合）30 毫升<br><br>砂糖 20 克<br><br>冰块适量<br><br>葡萄柚（薄片）、橙子（薄片）数片<br><br>薄荷叶数片 | 1. 用热水冲泡出浓酽的红茶<br>2. 用茶滤滤出茶叶，加入砂糖后搅拌溶化<br>3. 把冰块倒入玻璃杯，倒入上述红茶茶汤<br>4. 倒入葡萄柚汁、橙汁和苏打水<br>5. 装饰上薄荷叶、葡萄柚、橙子。也可以用柠檬等柑橘类水果或生姜汁来代替葡萄柚和橙子 | <br>冷饮 |

扫一扫上方二维码，查看果汁冰茶做法。

（2）甘菊花奶茶

甘菊花奶茶是可以暖身、预防感冒的调饮茶，适合在感冒初期和身体不适的时候饮用。可以根据个人喜好加入蜂蜜或者甘草。其备料、做法、成品如表 5-5。

表 5-5　甘菊花茶制作表

| 备　料 | 做　法 | 成品图 |
|---|---|---|
| 红茶约 3 克<br>甘菊花 2 茶匙<br>热水 150 毫升<br>牛奶 150 毫升 | 1. 在煮牛奶用的锅里加热水、红茶茶叶、甘菊花后放在火上，充分煮好，加入牛奶<br>2. 把茶滤滤后倒入茶杯 |  |

（3）生姜茶

生姜茶具有美容和健体的效果，天冷的时候还可以暖胃。若想增加一些甜味，建议放入蜂蜜而不是砂糖。其备料、做法、成品如表5-6所示。

表5-6　生姜茶制作表

| 备　料 | 做　法 | 成品图 |
| --- | --- | --- |
| 材料（2人份）<br>红茶5克<br>热水300毫升<br>生姜（薄片）少量 | 1. 用热水冲泡红茶<br>2. 倒入杯中，放入切成薄片的生姜 | <br>**热饮** |

扫一扫上方二维码，查看生姜茶做法。

阿拉小茶人，看完上面的调饮茶做法有没有跃跃欲试了呢？赶紧行动吧，给自己或家人做一杯好喝的调饮茶吧！

# 三、赏茶

## （一）红茶鉴赏

阿拉小茶人，我们已经知道红茶最重要的工序是发酵，那么全发酵对红茶的品质产生了哪些影响？我们还是从三个方面去欣赏：一是干茶；二是茶汤；三是叶底。

### 1. 干茶

正山小种（图5-45）外形条索肥壮重实，色泽乌润有光；外山小种（图5-46）条索近似正山小种，身骨稍轻而短，色泽红褐带润。

工夫红茶注重条索的紧

图5-45 正山小种

图5-46 外山小种

结完整，外形条索细紧，色泽乌润。著名的滇红（图5-47）条索紧秀而稍弯曲，有苗峰；色泽乌黑泛灰光，俗称"宝光"。大

图 5-47 滇红

图 5-48 祁红

叶种的祁红（图5-48）以外形肥硕紧实，金毫显露，色泽乌润带红褐而闻名。

传统的红碎茶（图5-49）是指按最早制造红碎茶的方法，将条形茶切成短细的碎茶而成。在茶叶萎凋后茶坯采用平揉、平切，再经发酵、干燥制成的红碎茶，有叶茶、碎茶、片茶和末茶四个品种。传统红碎茶干茶外形颗粒紧结重实，色泽乌黑油润。红茶典型代表特级标准之干茶，如表5-7所示。

图 5-49 红碎茶

表 5-7　红茶典型代表特级标准之干茶

| 典型代表 | 外　形 | 色　泽 | 整　碎 | 净　度 |
|---|---|---|---|---|
| 正山小种 | 壮实紧结 | 乌黑油润 | 匀齐 | 净 |
| 烟小种 | 紧细 | 乌黑润 | 匀整 | 净 |
| 金骏眉 | 紧秀重实，锋苗秀挺，略显金毫 | 金、黄、黑相间，色润 | 匀整 | 净 |
| 滇红 | 肥壮紧结多苗峰 | 乌褐油润，金毫显露 | 匀齐 | 净 |
| 祁门红茶 | 细紧多苗峰 | 乌黑油润 | 匀齐 | 净 |
| 大叶种红碎茶 | 颗粒紧实 | 金毫显露，色润 | 匀齐 | 净 |

## 2. 茶汤

小种红茶（图5-50）由于在加工过程中采用松柴明火加温，进行萎凋和干燥，所以制成的茶叶具有浓烈的松烟香。正山小种香气高长，滋味醇厚带桂圆味，汤色红浓。烟小种（图5-51）也带有松烟香，滋味醇和，汤色稍浅。

图 5-50 小种红茶

图 5-51 烟小种

工夫红茶（图5-52）汤色红亮，香气馥郁，滋味甜醇。祁红冲泡后香气浓郁高长，有蜜糖香，蕴含兰花香，且滋味醇厚，回味隽永，汤色红艳明亮；滇红冲泡后，香郁味浓，香气以滇西的云县、昌宁、凤庆所产为好，不但香气高长，而且带有花香。滋味则以滇南的工夫红茶为佳，具有滋味醇厚、刺激性强的特点。

（a）　　　　　　　　　　　　　　　　（b）

图 5-52 工夫红茶

红碎茶冲泡后，香气、滋味浓度好，汤色红浓，如图 5-53 所示。红茶典型代表特级标准之茶汤，如表 5-8 所示。

图 5-53 红碎茶

表 5-8  红茶典型代表特级标准之茶汤

| 典型代表 | 香 气 | 滋 味 | 汤 色 |
|---|---|---|---|
| 正山小种 | 纯正高长，似桂圆干香或松烟香明显 | 醇厚回甘、显高山韵，似桂圆汤味明显 | 橙红明亮 |
| 烟小种 | 松烟香浓长 | 醇和甘爽 | 红明亮 |
| 金骏眉 | 花、果、蜜、薯等综合香型，香气持久 | 鲜甜甘爽 | 金黄色，清澈透亮，金圈显 |
| 大叶种红茶 | 甜香浓郁 | 鲜浓醇厚 | 红艳 |
| 中小叶种红茶 | 鲜嫩甜香 | 醇厚甘爽 | 红明亮 |
| 大叶种红碎茶 | 嫩香强烈持久 | 浓强鲜爽 | 红艳明亮 |
| 中小叶种红碎茶 | 香高持久 | 鲜爽浓厚 | 红亮 |

## 3. 叶底

正山小种叶底厚实，呈古铜色，外山小种叶底带古铜色。工夫红茶叶底红亮，祁红叶底鲜红嫩软。红碎茶叶底红匀。各种叶底，如图 5-54 所示。红茶典型代表特级标准之茶汤，如表 5-9 所示。

（a）正山小种叶底

（b）烟小种叶底

（c）祁红叶底

（d）滇红叶底

（e）红碎茶叶底

图 5-54 各种叶底

表 5-9 红茶典型代表特级标准之茶汤

| 典型代表 | 叶 底 |
| --- | --- |
| 正山小种 | 尚嫩较软有褶皱，古铜色匀齐 |
| 烟小种 | 嫩匀红尚亮 |
| 金骏眉 | 单芽，肥壮饱满，鲜活，匀齐，呈古铜色 |
| 大叶种红茶 | 肥嫩多芽，红匀明亮 |
| 小叶种红茶 | 细嫩显芽，红匀亮 |
| 大叶种红碎茶 | 嫩匀红亮 |
| 中小叶种红碎茶 | 嫩匀红亮 |

## （二）茶席欣赏

### 1. 茶席主题

茶席主题：最美的味道。主题茶席，如图 5-55 所示。

图 5-55 主题茶席

### 2. 主题阐述

百善孝为先，行孝在当下！《最美的味道》讲述了一个高中生通过为妈妈泡茶，拉近母女间的距离，表达爱与孝的故事。小时候，妈妈为了给女儿创造好的生活条件，离开女儿外出工作，因此错失陪伴女儿长大的机会。等到生活条件变好了，女儿已经长大。长久的分离导致母女间存在着隔阂，虽然她俩明明都很想相互亲近。一次争执过后，女儿为改善与妈妈的关系，加入了学校茶艺室，她刻苦训练，学成之后为妈妈泡了一杯茶。通过这杯茶，妈妈看到了女儿对自己的孝心和爱，倍感温暖。茶，消弥了隔阂。敬茶，就是尽孝！

### 3. 茶席特点

（1）整体布局（图 5-56）

茶席布置以米白色桌布为底色，配亮红色的桌旗，总体风格干净明亮又温暖。

图 5-56　整体布局

（2）茶器特色

几何纹饰的白瓷盖碗作为主泡器，简单大方又不失单调，也能衬托出红茶茶汤鲜红明亮的色彩。在红与白的强烈对比中，突出茶汤的温暖，烘托出茶艺师的心意。品茗杯是六边形高脚白瓷杯，杯身彩绘简单的梅花图案，杯托选用圆形银质材料，五个杯子环绕出花的形状，统统给人以温暖、精致的视觉感受，处处体现着茶席设计者的用心。年轻的茶艺师身着学生装，青春洋溢的脸庞上没有任何瑕疵，给人以"清水出芙蓉，天然去雕饰"的青春美感，也能从中感受到她对手中那杯茶的美好期待。

（3）茶品介绍

祁门红茶是世界三大高香红茶之一。茶为香之饮，香为茶之舞，最香的茶献给最爱的人，饮之唇齿生香。

（4）音乐介绍

《Kiss the rain》翻译过来是《雨的印记》，更像是爱的低语，不管是爱情也好亲情也罢，每个音符、每个音调都是爱的温暖倾诉。

### 4. 一展身手

亲爱的小茶人，请你根据上面的茶席设计，来自主设计一个红茶茶席，并拍照上传"阿拉的一方茶席"。

扫一扫上方的二维码，上传照片。

扫一扫上方二维码，欣赏茶艺表演《最美的味道》。

## （三）茶乐聆赏

音乐是表现情感的艺术。它把人对茶的文化感受，通过音响运动进行描述。根据不同风格的茶艺选配不同的音乐，一曲缭绕，不同的茶品感受和环境景致带来不同的品茶心境，好的乐曲抒发的情感和色彩流畅细致，使人心旷神怡，宠辱皆忘。下面来介绍几首与茶有关的音乐。

### 1.《采茶舞曲》

歌词：

溪水清清溪水长 / 溪水两岸好呀么好风光 / 哥哥呀，你上畈下畈勤插秧 / 妹妹呀，你东山西山采茶忙 / 插秧插得喜洋洋 / 采茶采得心花放 / 插得秧来匀又快呀 / 采得茶来满山香 / 你追我赶不怕累呀 / 敢与老天争春光 / 哎呀争呀么争春光 / 溪水清清溪水长 / 溪水两岸采茶忙 / 姐姐呀，你采茶好比凤点头 / 妹妹呀，你采茶好比鱼跃网 / 一行一行又一行 / 摘下的青叶篓里装 / 千缕万缕千万缕呀 / 缕缕新茶放清香 / 多快好省来采茶啊 / 青青新茶送城乡呀 / 送呀么送城乡 / 左采茶来右采茶 / 双手两眼一齐下 / 一手先来一手后 / 好比那两只公鸡争米上又下 / 两个茶篓两膀挂 / 两手采茶要分家 / 摘了一回又一下 / 头不晕（来）眼不花 / 抖一抖（来）挎一挎 / 年年丰收有清茶啊。

一曲悠扬的《采茶舞曲》诠释采茶的繁忙景象，唱遍大江南北。全曲以越剧的音调为素材，具有舞曲风格。乐曲采用浙江民间音调的特点，旋律优美流畅，其中逗趣性的乐句，如一问一答，似年轻人在相互嬉戏，像老年人对丰收的赞美。茶，带来希望；茶，唤起人们对生活的激情。这正是这首茶乐在民族茶艺表演中频繁出现的原因。

扫一扫上方二维码，欣赏《采茶舞曲》。

### 2.《高山流水》

《高山流水》，为中国十大古曲之一。"高山流水"比喻知己或知音，也比喻乐曲高妙。此曲为古琴曲，唐代分为《高山》《流水》二曲。

"高山流水"最先出自《列子·汤问》。传说伯牙善鼓琴，锺子期善听。伯牙鼓

琴志在高山，锺子期曰："善哉，峨峨兮若泰山。"志在流水，锺子期曰："善哉，洋洋兮若江河。"伯牙所念，锺子期必得之。子期死，伯牙谓世再无知音，乃破琴绝弦，终身不复鼓。后用"高山流水"比喻知音或知己。乌龙茶茶艺表演通常运用《高山流水》等古典音乐作品为背景音乐，表达心领神会的茶艺之美，让品茶人品茶之际，神游茶乡的风情，享受茶乡的风味。

扫一扫上方的二维码，欣赏《高山流水》。

### 3.《茶禅一味》

首先听一个关于《茶禅一味》的传说。相传，当年禅宗初祖达摩在嵩山少林寺面壁，已历九年仍未破壁。有一天，达摩祖师竟然沉沉睡去了。他醒来后，十分悔恨，割下自己的眼睑扔在地上。没想到，扔在地上的眼睑竟然长成了一株茶树。达摩祖师摘取茶叶之后，以热水冲饮，从而消除了睡意，面壁十年后，终成正果，创立禅宗。

禅茶茶艺表演中，表演者融传统茶文化与禅文化为一体，使品茶者品茶时能够感悟禅茶一味之境界。佛教与茶艺结缘两千多年来，禅茶展示了禅宗对茶艺的体验。禅宗公案记录的称为手段的形态各异的动作与姿势，不仅有静态的造型，而且有动态的表演。伴随着佛教背景音乐，茶艺表演者变换着茶艺表演的动作与手势，传达着禅意的体验。

扫一扫上方二维码，欣赏《茶禅一味》。

### 4. 推荐曲目

还有许多适合茶艺表演时的音乐曲目，现将歌曲名罗列如下，感兴趣的小茶人不妨去仔细欣赏一番：《春江花月夜》《竹枝词》《茶马古道》《平湖秋月》《长亭送别》《茉莉花》《长亭送别》《汉宫秋月》《Kiss the rain》。不同的曲目表达了不同的情感，适合不同主题内容的茶艺表演。阿拉小茶人感兴趣的话，可以为自己设计的茶艺表演主题选一首合适的背景音乐，并和同学们分享一下你的理由。

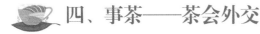 ## 四、事茶——茶会外交

亲爱的小茶人，你参加过茶会吗？你听说过国家主席习近平的几次著名的"茶叙"外交吗？习主席拆解茶字内涵："'茶'字拆开，就是'人在草木间'。"不可否认，

处在草木间的人，难免会有磕碰，于国与国之间，更难免有一定摩擦。但只要存异尚和，秉承"和而不同"的理念，就可以找到最大公约数。因此茶之道也象征着中国人崇尚的与世界相处之道，"以茶为媒、以茶会友"，恰是交流合作、互利共赢诚意的一种表达。中国独有的红茶被我们的习主席拿出来招待外宾。下面我们来了解一下。

在2018年与莫迪的茶叙中，两国领导人品了两种产自湖北的茶，其中一种是红茶。作为中国传统待客之道和标志性的文化符号，茶被我们的国家主席习近平频频带到外交场合。据不完全统计，习主席已经以茶叙的形式，招待过多位外国领导人。

扫一扫上方的二维码，观看新闻报道之茶叙外交。

习主席曾说，中国是茶的故乡，从古代丝绸之路、茶马古道、茶船古道，到今天丝绸之路经济带、21世纪海上丝绸之路，茶穿越历史、跨越国界，深受世界各国人民的喜爱。一杯茶，正是中国"和而不同"理念的彰显和展现，传递着"和而不同""和谐相生""美美与共"等与中国传统哲学观一脉相承的理念。

##  五、茶与生活——茶与英语

茶作为一种国际化的商品，它的交易出现在世界的各个角落。茶作为非常好的中国文化符号，可以促进多元文化交流。小茶人如果能掌握一些简单的茶英语，是不是可以向外宾更好地交流茶文化呢？下面我们来简单地学习一下茶英语。

### （一）茶词汇

#### 1.Black tea 红茶

我们都知道绿茶是 green tea，白茶是 white tea，那为什么偏偏红茶不是 red tea，而是 black tea 呢？这个说法不一，有人说是因为西方人与中国人不同，他们比较看重茶叶的颜色，而他们最先接触到的红茶是正山小种。红茶的茶叶本身不是红色，在加工过程中，茶叶颜色会逐渐变深变黑，所以外国人将其称为 black tea！还有人戏说是因为中国的茶叶通过海运到英国需要一年多的时间，在运输过程中，茶叶自然发酵变成了黑色，所以被外国人称为 black tea。

无论怎么说，大家只要知道一点，那就是红茶不是 red tea 而是 black tea。既然红茶抢了 black，那黑茶又该怎么说呢？有些英语基础的人应该都知道，黑茶的英文名叫"dark tea"。yellow tea 翻译过来就是黄茶啦。

**2.Oolong 乌龙茶**

乌龙茶是中国几大茶类中，独具鲜明中国特色的茶叶品类，由宋代贡茶龙团、凤饼演变而来，创制于清雍正年间。

**3.Brick tea 砖茶**

砖茶是茶叶、茶茎有时还配以茶末压制而成的块状茶。

**4.Dragon well 龙井茶**

龙井茶是中国十大名茶之一的绿茶。

**5.Puer tea 普洱茶**

**6.Strong tea 浓茶**

**7.Weak tea 淡茶**

## （二）茶短句

1.What kind of tea would you like ?

你喜欢喝什么茶？

2.Tea，please.

请用茶。

3.This tea is better.

这款茶比较好。

## （三）英语谚语

1.立夏过，茶生骨。

Tea gives birth to bones after summer.

2.新茶上了市，医生无医事。

The new tea was on the market， and the doctor had nothing to do with it.

3.贮藏好，无价宝。

Stored well， priceless.

4.客来敬茶。

Guests come to offer tea.

5.待客茶为先，茶好客常来。

Hospitality of tea comes first.

扫一扫上方二维码，听录音跟着老师一起念 。

## 六、巩固拓展

（一）做一做

1. 填空：红茶鼻祖是_____。

2. 单项选择：红茶制作过程中的关键工序是哪个？（ ）

　　A. 杀青　　　　B. 揉捻　　　　C. 做青　　　　D. 发酵

2. 多项选择：下列属于工夫红茶的有（ ）。

　　A. 滇红　　　　B. 英德红茶　　C. 金骏眉　　　D. 祁红　　　　E. 九曲红梅

（二）选一选

以下哪几种茶具适合冲泡红茶？请在下面括号里打钩。

　　　（　　）　　　　　（　　）　　　　　（　　）　　　　　（　　）

（三）连一连

将下列红茶和产地连起来。

　　1. 滇红　　　　　　　　浙江

　　2. 祁红　　　　　　　　福建

　　3. 九曲红梅　　　　　　云南

　　4. 正山小种　　　　　　安徽

（四）译一译

　　宁波是海上丝绸之路的重要一站，海上丝路，茶有担当。宁波素有"港通天下，甬为茶港"的美誉。宁波作为"海上茶路"的重要港埠，到21世纪的今天，又呈现出新的优势。而宁波更是茶文化的重要基地——悠久的茶历史、越窑青瓷的茶文化底蕴，还有在四明大地上的古今中外的茶人。伴随着"一带一路"伟大战略的实施，全球悄然兴起茶文化热，为宁波茶走向世界带来新的机遇。宁波从港口优势到发展茶经济、传播茶文化，潜力巨大。

　　作为一名阿拉宁波人，我们自豪的同时，更需要简单掌握外语，向外介绍宁波，推荐宁波茶的知识。请你将下面的一段文字翻译成英文。

原文：

　　您好，宁波欢迎您！宁波位于东海之滨，素来是海上丝路的重要一站。宁波的八大名茶有望海茶、印雪白茶、奉化曲毫、瀑布仙茗、三山玉叶、望府茶、四明龙尖、天池翠。喝茶有益健康，欢迎你来宁波喝茶！

译文：

# 第六站　走进黑茶

## 引言：牧民的"灵丹妙药"

扫一扫上方二维码，
听一听黑茶录音。

千百年前，西北地区的少数民族牧民，在日常饮食中，除了肉就是奶，造成脂肪过剩，高血脂、高胆固醇，许多人年纪轻轻就不明不白地死去。

相传，东汉时期著名军事家、外交家班超投笔从戎，带领商队出使西域。有一日，路上遇到暴雨，班超商队所载茶叶被淋湿。班超非常着急，怕耽误了出使日期，就让茶商只吹干了茶叶表面的水之后就继续前行。

不久进入河西走廊，车队在烈日炎炎下的戈壁滩上行走，经过一个多月的跋涉，忽遇两个牧民捂着肚子在地上滚来滚去，额头上汗珠如雨。围观的牧民说他们终年肉食，不消化，容易造成肚子鼓胀，每年有不少牧民死于此症。随行的医生想到茶叶能促进消化，就将茶叶取来。打开篓子一看，茶叶上长出了密密麻麻的黄色斑点。班超犹豫了，心想：这长黄霉的茶叶还能吃吗？看着两个牧民痛苦的样子，班超顾不了那么多，救人要紧，他抓了两把"发霉"的茶叶放到锅里熬了一阵，给患病的牧民每人灌了一大碗。

牧民喝下后，肚子里胀鼓的硬块渐渐消失，人感觉舒服多了。两人向班超磕头致谢，问是什么灵丹妙药使他们起死回生的。

"此乃楚地运来的茶叶。"班超答曰。

当地部落首领得知后，重金买下了那批茶叶。楚地的茶叶能治病的消息从此传开了。

阿拉小茶人，请问来自楚地的"灵丹妙药"茶是什么茶呢？这茶便是目前被誉为少数民族"生命之饮"的黑茶，古代的楚地就是现在的湖南省境内。接下来，让我们

一起走进黑茶的世界，探索"生命之饮"的奥秘吧！

# 一、识茶

## （一）热身活动：算一算

阿拉小茶人，"百善孝为先"，尊老敬老是我们中华民族几千年来重要的文化传统，我国各族人民在历史的发展中形成了丰富多彩的祝寿习俗，比如说，福禄寿三星中有老寿星，成语里有寿比南山，日常用语中有健康长寿等。每有长辈逢十生日，家里人都要隆重为他们祝寿。如果爷爷60岁了，我们应该怎么祝寿呢？可以祝爷爷初寿，80岁称中寿，百岁则称为高寿。在白茶部分的学习中，小茶人懂得了茶寿是108岁。老师的问题来了，喜寿和米寿是多少岁呢？请大家根据茶寿的规律，在方框中算一算喜寿和米寿是几岁。

【算一算】

请扫一扫上方二维码，揭晓答案。

阿拉小茶人，我国茶学界泰斗张天福老先生一生养身健体之道就是饮茶。张老先生一生事茶，乐享茶寿，他说："茶是万病之药，一天也离不开它。"黑茶，不仅有越陈越香的特色，更具有非常好的药理作用，被誉为"健康长寿之茶"。想知道我国有哪些地方产黑茶吗？接下来我们来认产区、画地图。

## （二）黑茶分布

### 1. 认产区

　　黑茶属后发酵茶，是中国特有的茶类，生产历史悠久，产于湖南、湖北、云南、四川、广西、陕西等地，年产量仅次于绿茶和红茶，为我国第三大茶类。黑茶原料较粗老，制造过程中往往堆积发酵时间较长，因而叶色油黑或黑褐，故称黑茶。在历史上，黑茶主要供藏族、蒙古族和维吾尔族等边疆少数民族日常生活饮用，所以又称边销茶。

### 2. 画地图

　　请阿拉小茶人根据上面的介绍，在空白的中国地图（图6-1）上给黑茶的产区填色。

**中国地图**

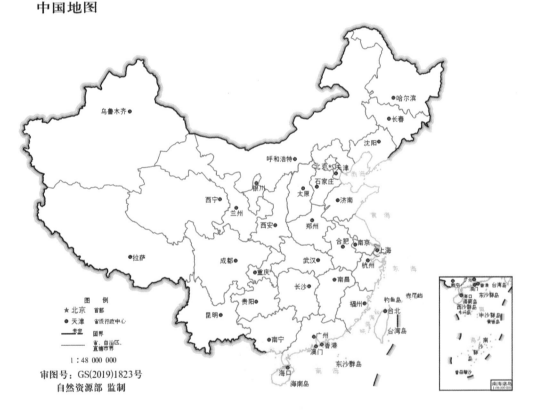

图 6-1 中国行政区划图

## （三）名茶介绍

　　阿拉小茶人，在地图上找到了黑茶产区后，接下来，让我们了解下全国主要黑茶产区的知名黑茶吧。

## 1. 湖南黑茶

湖南黑茶在我国黑茶版图中占有重要的地位，原因有四点：一是历史悠久；二是产量巨大；三是质量优良；四是品类丰富。

湖南黑茶主要产地是安化县，起源于秦汉时期，距今已有 2000 多年的历史。"黑茶"二字最早见于 1524 年。明嘉靖三年，《明史含货志》云："商茶低伪，产地有限，悉征黑茶。"此时的安化黑茶已经闻名全国，并由"私茶"逐步演变为"官茶"，用以茶马古道交换马匹，当时黑茶年产量最高可达 4000 余吨。

湖南黑茶名品有"三尖""四砖""花卷"系列，名称奇特。"三尖"指"天尖""贡尖""生尖"茶（图 6-2），总称湘尖茶。"四砖"即黑砖、花砖、茯砖和青砖茶（图 6-3）。"花卷"系列包括"千两茶""百两茶""十两茶"（图 6-4）等。

（a）天尖茶　　　　　　　（b）贡尖茶　　　　　　　（c）生尖茶

图 6-2　"三尖"茶

（a）黑砖茶　　　　　　　　　　　（b）花砖茶

（c）茯砖茶　　　　　　　　　　　（d）青砖茶

图 6-3　"四砖"茶

（a）千两茶　　　　　　（b）百两茶　　　　　　（c）十两茶

图6-4　"花卷"茶

## 2. 四川黑茶

四川黑茶，也称"藏茶""边茶"，其年代可追溯到唐末，历史上主要运输到藏区，故而得名。四川边茶分南路边茶和西路边茶两类，知名品种有康砖茶、金尖茶和方包茶等。四川雅安等地生产的南路边茶，压制成紧压茶康砖（图6-5）、金尖茶（图6-6）后，主销西藏、青海等藏区。四川灌县等地生产的西路边茶，蒸压后装入篾包制成方包茶或圆包茶，主销四川西北部及青海、甘肃、新疆等省。

图6-5　康砖茶　　　　　　　　　　　　图6-6　金尖茶

说起藏茶，它还被誉为黑茶鼻祖呢。这是因为当时茶马交易的集散地为四川雅安和陕西汉中，由雅安出发人拉马驮抵达西藏有2—3个月的路程，由于没有雨具，雨天茶叶常被淋湿，天晴时茶叶又被晒干，这种干、湿互变过程使茶叶在微生物的作用下产生发酵，相比出发时完全不同，所以"黑茶是马背上形成的"这一说法是有其道理的。

## 3. 湖北黑茶

湖北黑茶的主要代表是青砖茶（图6-7）。据史料记载，湖北黑茶大约起源于

1890年。当时，在莆圻县羊楼洞开始生产炒制的篓装茶，即将茶叶炒干后，打成碎片，装在篾篓里（每篓2.5千克），运往北方，称为炒篓茶，也叫老青茶。以后发展为以老青茶为原料经蒸压制成老青砖茶。青砖茶因在羊楼洞生产，因此又名"洞砖"，砖面印有"川"字商标，所以也叫"川字茶"。近代，青砖茶移至蒲圻赵李桥茶厂集中加工压制，赵李桥"川"字牌也成为最著名的青砖茶品牌。青砖茶浓香可口，具有清心提

图6-7 青砖茶

神、生津止渴、杀菌暖胃、治疗腹泻等多种功效，陈年砖茶效果则更好。

## 4. 广西黑茶

六堡茶（图6-8）是广西特产，因原产于苍梧县六堡乡而得名，其品质素以"红、浓、醇、陈"四绝而著称。六堡茶的历史可追溯到1500多年前，早在清嘉庆年间(1796—1820)，就以其特殊的槟榔香味而被列为中国名茶之一，畅销于穗、港、澳以及东南亚一带。由于是外销为主，在国内市场较为少见，所以之前有个绝妙的比喻形容六堡茶是"墙内开花墙外香"。但是近几年，恐怕这个比喻要变成"老树发新枝"了，六堡茶独有的风味品质和保健作用逐渐被国人重新认识。喝六堡、论六堡、藏六堡已成为茶友追求的新时尚。六堡茶篓装和散装如图6-9所示。

图6-8 六堡茶　　　　　图6-9 六堡茶篓装和散装

## 5. 陕西黑茶

"自古岭北不植茶，唯有泾阳出砖茶。"陕西黑茶的主要代表为泾阳茯砖茶，产自咸阳市泾阳县，距今已有600多年历史。历史上茯砖茶沿"丝绸之路"远销中亚、西亚等40余个国家和地区，被誉为"古丝绸之路上的神秘之茶""丝绸之路上的黑

黄金"。湖南有茯砖，陕西也产茯砖，两者之间是否有关联呢？

茯砖茶（图6-10）约在公元1368年（朱元璋洪武元年）问世，采用陕南、四川等茶为原料，手工筑制，因原料送到泾阳筑制，故称"泾阳砖"；又因在伏天加工，故称"伏茶"；以其药效似土茯苓，就由"伏茶"美称为"茯茶"。茯砖茶深受西北少数民族人民喜爱，陕西、四川原料逐渐无法满足需求，后期引进湖南的黑毛茶作为茯砖茶的原料。中华人民共和国成立后，政府根据原料就近原则，泾阳停产茯砖，湖南省承担茯砖带动生产任务。在黑茶学者和技术人员努力下，1953年在湖南安化白沙溪茶厂成功实现了茯砖"移地筑制"的神话，突破了"三不能制"：一是离了泾河水不能制；二是离了关中气候不能制；三是没有陕西人的技术不能制。2005年起，泾阳县逐渐恢复了茯砖的生产。泾阳老茯砖如图6-11所示。

图6-10 茯砖茶

图6-11 泾阳老茯砖

泾阳茯砖内含独特营养成分、有益生菌，经常饮用，具有降脂减肥、消食去腻、补充营养、降糖降压等保健作用。饮后感觉清爽，回甘生津，身体感觉温暖舒适。

## 6. 云南黑茶

云南黑茶的代表是目前风靡茶界的普洱茶（图6-12），是以云南地理标志保护范围内所种的晒青茶为原料，并在该保护范围内采用特定的加工工艺制成，具有独特的品质特征。

普洱茶被誉为历史长河中积淀下来的中华古老文明中的一朵奇葩。为什么呢？因为普洱茶有"六奇"。

图6-12 云南普洱茶山

（1）产地之奇

普洱茶产地特指云南省北回归线两侧的澜沧江中下游地区。具体而言，其包括普洱市茶区、西双版纳茶区、临沧茶区和保山茶区。西双版纳古茶园，如图6-13所示。

图6-13　西双版纳古茶园

（2）品种之奇

大叶种茶树是在云南特殊生态环境条件下生长繁衍的、具有自身独特个性的栽培品种，分为乔木和小乔木等类型。六大茶类另外五种茶的制作原料基本上是中小叶种茶。小叶种类与硬币对比，如图6-14所示。大叶种类与硬币对比，如图6-15所示。

图6-14　小叶种茶与硬币对比　　　　图6-15　大叶种茶与硬币对比

（3）制作之奇

普洱茶是大叶种茶后发酵工艺制成，有自然和人工两种后发酵，分别制成传统普洱茶（生茶）和现代普洱茶（熟茶），具体工艺在下文普洱茶制作工艺中将做重点介绍。

（4）形状之奇

普洱茶有沱有饼有砖，还有大若金瓜小似棋子等形状，最为常见的就是饼茶、砖茶和沱茶，最喜闻乐见的是"七子饼茶"，如图6-16所示。一块饼茶的一般重量是357克，每7块饼茶包装为1筒，还有重量为100克、250克等的"小饼茶"。

（七子饼）　　　　（各种各样的普洱茶形状）

扫一扫上方二维码，

了解更多七子饼和普洱茶各种形状的知识。

（a）普洱熟茶饼茶　　　　　　（b）普洱熟茶砖茶

（c）普洱熟茶沱茶　　　　　　（d）普洱金瓜茶

图6-16　各种形状的普洱茶

（5）品质之奇

传统观念认为茶贵新、酒贵陈，普洱茶却有储藏得当、越陈越香的特点。

（6）饮用之奇

普洱茶茶气猛，回甘强，茶内质特别丰富，经久耐泡，十多泡之后，其味不减，其色亦艳。

彩云之南的普洱茶，原生态、纯天然，具有降低血脂、减肥、抑菌、助消化、暖胃、生津、止渴、醒酒、解毒等多种功效，是老天恩赐给我们的灵叶。正如诗说得好："日饮普洱大三泡，人生如此真美妙！"

## （四）制作工艺

阿拉小茶人，刚才看了我国几种知名黑茶的介绍后，你是不是发现几个关键词，比如在六堡茶和普洱茶中提到的发酵、渥堆。那么，黑茶制作的关键工艺是什么，黑茶又分为哪几个类呢？让我们从黑茶的制作工艺中来一探究竟。

### 1. 黑茶的制作工艺

黑茶是以茶树的鲜叶和嫩梢为原料，经杀青、揉捻、渥堆、干燥等加工工艺制成的黑毛茶，及以此为原料加工的各种精制茶和再加工茶产品，其中，渥堆是形成黑茶品质的关键工序。由此可见，黑茶加工分为初制、精制和再加工流程，黑毛茶的加工是开端。

（1）认识黑毛茶

小茶人千万不要以为黑毛茶是带黑毛的茶，毛是初制的意思。黑毛茶是以一芽一叶至一芽四叶或相当嫩度的对夹叶为鲜叶，经过杀青、揉捻、渥堆、复揉、干燥等工序加工而成。黑毛茶质量的优劣直接影响成品茶的好坏，我们用思维导图形式将各种制作黑毛茶原料的芽叶等级进行了区分，如图 6-17 所示。

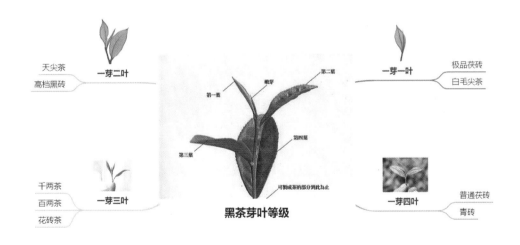

天尖茶
高档黑砖
一芽二叶

第二叶
椭芽
第一叶

极品茯砖
白毛尖茶
一芽一叶

第四叶
第三叶
可制成茶的部分到此为止

千两茶
百两茶
花砖茶
一芽三叶

黑茶芽叶等级

普通茯砖
青砖
一芽四叶

图 6-17　黑茶芽叶等级

（2）黑毛茶制作工艺流程

湖南安化黑茶制作工艺代表最典型的黑茶制作流程。以安化黑毛茶加工为例，下面一起来认识黑茶初制工艺流程。

①杀青

黑茶原料比较粗老，杀青（图 6-18）前一般按每 10 千克鲜叶洒 1 千克水，防止

水分不足杀青不匀透。杀青分手工杀青和机械杀青两种，手工杀青采取高温快炒，通常先用大口径铁锅，呈30°倾斜装置在灶台上，每次投放4—5千克鲜叶，双手快速翻炒至烫手，换用三叉状的炒茶叉（图6-19）炒，这就是通常所说的"亮叉"。待出现大量水蒸气后，双手执叉，转滚闷炒，俗称"握叉"。机械杀青与绿茶大致相同，黑茶杀青使叶子变为暗绿色，青气消失，叶片变得柔软。

| 图6-18 手工杀青 | 图6-19 炒茶叉 |

②揉捻

杀青后趁热揉捻（图6-20）。将茶叶初步揉捻成条，茶汁溢出附于表面，为渥堆发酵做准备。初揉时间在15分钟左右为好，待嫩叶成条，粗老叶成皱叠时就可以了。

（a）　　　　　　　　　　　（b）

图6-20 机器揉捻和手工揉捻

③渥堆

渥堆（图6-21）是形成黑茶色、香、味的关键性工序，也是黑茶色、香、味形成的重要环节。渥堆是指在一定的温度和湿度条件下，通过茶叶堆积促使其内含物质缓慢变化的过程。黑茶渥堆要求室内温度保持在25℃以上，相对湿度保持在85%左右。初揉后的茶坯，堆高约1米，表面覆盖湿布或蓑衣等物，以保温保湿。渥堆过程中还要进行一次翻堆，这样可使渥堆均匀。堆积24小时左右时，茶坯表面出现水珠，当看到茶叶已经变成黄褐色，闻起来青气也已经消除，散发出淡淡的酒糟香气的时候，

渥堆就已经完成了。渥堆发酵1—3天（根据温度、湿度不同，发酵时间不同），再烘干变成黑毛茶。

图 6-21　渥堆发酵

④复揉

将渥堆适度的茶坯解块后，上机复揉（图6-22），力度较初揉稍小，时间一般为6—8分钟。机器上下来后，及时解块和干燥。

图 6-22　机器复揉

⑤干燥

干燥是黑茶初制中的最后一道工序，这又是一个值得探究的过程。毛茶干燥（图6-23）在七星灶上进行。"七星灶"（图6-24）的"七星"寓意北斗七星。安化黑毛茶经过七星灶的烘焙，"将日月星辰纳入灶里，将天地山川容于茶叶"，在干燥过程中产生了一种独特的松香味。七星灶烘焙技术在安化流传了数百年，是先辈们智慧的结晶。

干燥时，在灶口处的地面燃烧松柴，松柴采取横架方式，并保持火力均匀，借风力使火温均匀地透入七星孔内，要火温均匀地扩散到灶面焙帘上。干燥时茶叶色泽渐

图 6-23　毛茶七星灶干燥　　　　　　　图 6-24　七星灶的七星孔

渐变为乌黑油润，有独特的松烟香。当然，如今也有很多黑茶采用了其他的干燥方式，使茶叶不带松烟味。这样，黑毛茶的制作才算完成。黑毛茶制作流程如图 6-25 所示。

图 6-25　黑毛茶制作流程

扫一扫上方二维码，揭秘七星灶和黑茶的干燥过程。

（3）黑茶成品茶工艺流程

黑毛茶一般要存放 1—2 年，在时间的作用下，毛茶粗老、苦涩的口感转化为醇和、

回甘后进行成品黑茶加工。成品黑茶加工主要是毛茶精制和再加工。目前我国的成品黑茶主要有两大类，即以散茶和以砖块形、篓装形、花卷茶为常见的紧压茶。精制散茶是毛茶经过筛分、风选、拣剔、高温汽蒸软化、揉捻、烘培、拣梗后散装。紧压茶是毛茶根据成品要求精制后进行紧压，基本工序可归纳为毛茶拼配、分筛切细、半成品拼配、蒸茶压制、烘房干燥、检验包装。以湖南黑茶为例，黑茶成品茶工序参考图6-26。

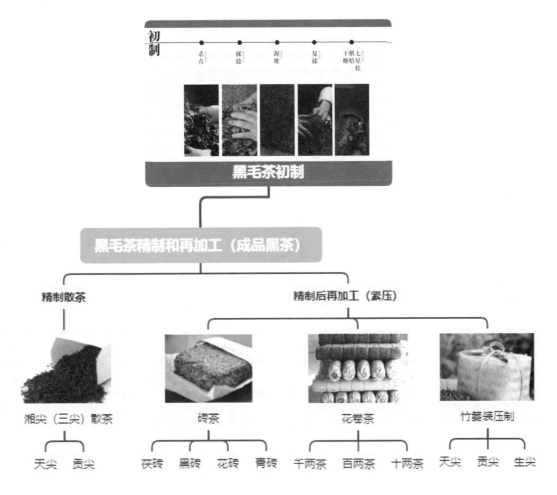

图 6-26  黑茶成品茶加工工序

湖南黑毛茶精制成天尖、贡尖等散茶，紧压后有湘尖篓装茶；黑砖茶、花砖茶、茯砖茶等砖茶和千两茶、百两茶和十两茶等。

【知识链接】黑茶为什么要紧压？

黑茶是少数民族的生命之饮，紧压主要是为了方便运输到西北地区。以前交通不便，运输困难，必须减少体积。紧压型的黑茶不仅便于携带、保存，还可以收藏传世。更重要的是，这样加工出来的茶在香味口感营养方面也会更好一些。

阿拉小茶人，下面通过学习来回顾和总结黑茶加工工艺流程，如图6-27所示。

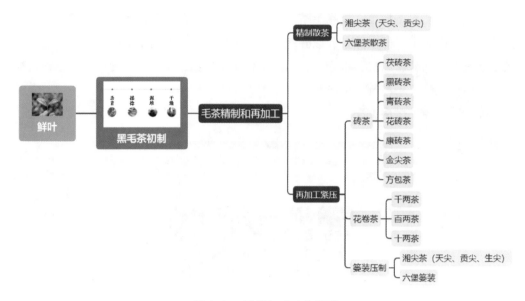

图 6-27 黑茶加工工艺流程

扫一扫上方二维码，
观看视频巩固黑茶制作工艺流程。

## 2. 黑茶的分类

了解了黑茶的产区和工艺流程后，我们可以将黑茶按照两种方法分类：按照产地不同，主要分为湖南、湖北、四川、广西、陕西和云南等黑茶种类；按照制作工艺不同，分为精制散茶和再加工紧压茶。下文讲解按照制作工艺的划分法。

（1）散茶

散装黑茶比较常见的有湖南湘尖茶，主要品种有天尖和贡尖，生尖相对粗老，一般不做散茶；还有广西六堡散茶等。

（2）紧压茶

黑茶紧压茶最常见的是砖茶，主要有茯砖、花砖、黑砖、青砖等四类，俗称四砖，此外还有四川边茶中的康砖和方包茶等；竹篓装压制茶也很常见，有湘尖中的"三尖"和广西六堡篓装茶，六堡紧压茶还有饼茶和砖茶等；此外还有一种湖南独有、极具特色的花卷茶，包括千两茶、百两茶和十两茶等。

黑茶种类繁多，形态各异，阿拉小茶人可以结合思维导图（图6-28）巩固工艺和分类知识。

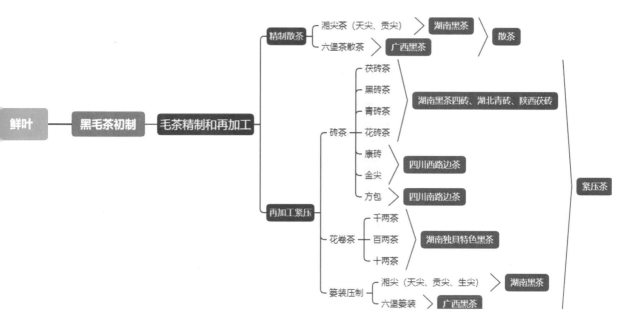

图6-28 黑茶加工工艺流程和分类

（3）普洱茶

细心的阿拉小茶人会发现，图6-28中没有普洱茶，难道黑茶里面没有普洱茶吗？并非老师疏忽，而是因为普洱茶工艺的特殊性，和传统黑茶既有区别又有联系，因此我们在下面的典型黑茶中将普洱茶单列予以介绍。

### 3. 知名黑茶的制作工艺

由于湘尖茶和六堡茶等部分黑茶，既有散茶形态又有紧压茶形态，因此黑茶成品茶工艺流程介绍环节，我们特别选取了几款最有代表性和知名度的黑茶制作工艺进行探究。

（1）黑茶翘楚：天尖

安化黑茶的制作原料均为黑毛茶，黑毛茶又按等级分为"芽尖、白毛尖、天尖、贡尖、乡尖、生尖、捆尖"七类，其中以"芽尖"和"白毛尖"为极品，但因数量极少，未能上市，故市场上的湘尖茶中以天尖茶最佳。

湘尖茶是以安化黑毛茶为原料，经过筛分、复火烘焙、拣剔、半成品拼配、汽蒸、装篓、压制成型、打汽针，晾置通风干燥、成品包装等工艺过程制成的安化黑茶产品。天尖是以特级、一级安化黑毛茶为主要原料，按湘尖茶传统加工工艺制成，毛茶初制和精制经过七星灶烘焙，独具纯正松烟香。是否有松烟香是区别湖南安化黑茶正宗与否的重要标志。天尖茶工艺流程如图6-29所示。

<table>
<tr><td>筛分</td><td>揉捻</td><td>干烘燥焙七星灶</td><td>拣梗</td><td>拼堆</td><td>压包</td><td>干晾自燥置然</td></tr>
<tr><td>SHAI FEN</td><td>ROU NIAN</td><td>HONG BEI</td><td>JIAN GENG</td><td>PING DUI</td><td>YA BAO</td><td>GAN ZAO</td></tr>
</table>

图 6-29 天尖茶工艺流程

成品天尖茶根据市场需求分为散茶和再加工成篓装茶。篓装包装共有三层,从里到外分别为蓼叶、棕片和篾篓。这样的包装主要有两个目的:一是通气,便于发酵;二是易于祛除异味,保持茶品陈香。为便于区别,湘尖茶各产品在篾篓刷不同颜色标志:天尖红色、贡尖绿色、生尖黑色。湘尖茶篓装不同颜色标志,如图 6-30 所示。

图 6-30 湘尖茶篓装不同颜色标志

(2)神秘的"金花":茯砖茶

茯砖茶是中国最早出现的紧压茶,因其精深、复杂的加工工艺和神奇的筑制技术成为最有代表性的黑茶紧压茶。

茯砖茶是以黑毛茶为主要原料,经过毛茶筛分、半成品拼配、渥堆、蒸汽压制成型、发花、干燥、成品包装等工艺过程制成。对比天尖精制工艺,茯砖茶多了渥堆发酵和发花环节。小茶人还记得班超救人的茶上面的黄色小斑点吗?这就是茯砖上长的"金花"。

"发花"是茯砖茶加工过程中形成的茯砖茶独特品质的关键工艺,通过独有的加工技术,促使益生菌——冠突散囊菌的生长繁殖,产生金色的闭囊壳,俗称"金花"。黑毛茶拼配后,蒸软,渥堆发酵消除青气进行紧压,其压制程序与黑、花两砖基本相同,不同的是压制松紧适度,比黑砖稍厚,便于"发花"。压制成型后,不直接送进烘房烘干，而是为促使"发花"，先包好商标纸，再送进烘房烘干。将茶砖片整齐间隔排列在烘架上，送入烘房。通常前12—15天为发花期，后5—7天为干燥期。发花期温度保持在26℃—28℃，相对湿度在75℃—85%，这样有利于金花在茶砖中静静地繁殖。发花，可以增进茶汤香味和汤色转红亮，还能增强茯砖的保健功效。茯砖烘房干燥如图6-31所示。茯砖茶神秘的"金花"如图6-32所示。

图 6-31　茯砖烘房干燥　　　　　图 6-32　茯砖茶神秘的"金花"

全国1000多种茶品中，唯有茯砖茶中生长繁殖有一种神秘的有益曲霉菌——"金花菌"。现代科学研究证明，茯砖茶中冠突散囊菌的活性及其分泌的代谢产物具有明显的降血脂和促消化功能，是能为人类带来健康的益友。

（3）"世界茶王"：千两茶

千两茶是享誉世界的"茶文化的经典""茶中的极品"，因其外表的篾篓包装成花格状，故又名花卷茶，是中国黑茶至尊，有"世界茶王"之誉。

以千两茶为代表的花卷茶是以黑毛茶为原料，按照传统加工工艺，经过筛分、拣剔、半成品拼堆、汽蒸、装篓、压制、（日晒）干燥工序加工而成的外形呈长圆柱体状的黑茶。与茯砖等砖茶工艺相比，最大的区别和特色在于如何压制成圆柱形和日晒干燥，工艺如下。

①装篓

压制前先将篾篓半成品编好，最外层用3年以上的楠竹编制成花格篾篓（图6-33），中间层为棕片，最里层为蓼叶。茶叶蒸好后，马上提包将茶叶放入篾篓中，动作必须迅速。

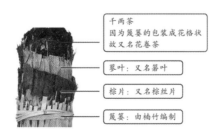

图 6-33　花格篾篓

②踩制（图 6-34）

在最关键的压制中，用竹篾捆压，将蓼叶裹的茶胎箍紧成圆柱状，由五六个壮汉赤膊短装上阵，步调一致地进行踩制。如有"鼓包""弯曲"等现象，用木锤敲平敲直。

图 6-34　踩制

③锁篾（图 6-35）

踩制好的花卷茶经 12 小时以上冷却定型后，开始锁篾，要求紧结、匀称、集中。

④干燥（图 6-36）

千两茶的干燥十分独特，采取日晒夜露自然干燥，时间一般为 49 天左右，做到晴晒雨遮。茶叶在自然晾置下，散发水分，茶叶再次发酵，形成千两茶独特品质的特点。

以千两茶为代表的花卷茶工艺繁复，集力量、美感、技术、艺术为一体，被列为国家级非物质文化遗产，成为中国黑茶中一颗耀眼的明星。

图 6-35　千两茶锁篾

图 6-36　千两茶日晒

千两茶得名由来

千两茶非遗制作流程

扫一扫上方二维码，了解千两茶得名的由来，
欣赏独特的制作工艺。

（4）那一抹"中国红"：六堡茶

六堡茶采用广西梧州当地的大叶种茶树的鲜叶为原料，经杀青、初揉、堆闷、复揉、干燥工艺制成毛茶，再经过筛选、拼配、汽蒸或不汽蒸、渥堆、压制成型或不压制成型、陈化、成品包装等工艺过程加工制成的，具有独特品质特征的黑茶。

六堡毛茶加工工艺中杀青的特点是低温杀青；揉捻则是以整形为主，细胞破碎为辅。精制工艺中渥堆是形成六堡茶独特品质的关键性工序，特色是采用冷水渥堆，其目的是通过渥堆湿热作用，促进内含物质的变化，减掉苦涩味，使滋味变醇，使叶色变深黄褐青。将毛茶经过蒸揉后，可以不装篓紧压成散茶；毛茶装篓压实，然后放置阴干处，晾贮至少3个月，通过后发酵使茶紧结成块，即可形成有独特陈香味的六堡篓茶，但这还没完全结束，六堡茶需仓储陈化两三年后再上市，而其他黑茶一般都是当年发酵当年就销售了。

六堡茶分散茶和紧压茶，散茶未经压制成型，保持条索的自然形状，条索互不黏结；六堡紧压茶毛茶经汽蒸和压制后成型，有竹篓装、饼茶（图6-37）、砖茶和圆柱茶等，形态各异。六堡茶第一仓——梧州木板干仓，如图6-38所示。

图6-37 六堡紧压饼茶　　　　　图6-38 六堡茶第一仓——梧州木板干仓

六堡茶属于温性茶，除了具有其他茶类所共有的保健作用外，更具有消暑祛湿、明目清心、帮助消化的功效，因此越来越受到爱茶人士的喜爱。

（5）普洱茶

普洱茶以地理标志保护范围内的云南大叶种晒青茶为原料，并在该范围内采用特定的加工工艺，制成具有独特品质特征的茶叶。加工工艺分为晒青毛茶初制和成品茶加工两大环节，成品按品质特征分为生茶和熟茶，按形态分为普洱茶（熟茶）散茶、普洱茶（生茶、熟茶）紧压茶。

①原料初制

晒青毛茶初制工艺：鲜叶摊放—杀青—揉捻—解块—日光干燥，具体工艺如图6-39所示。

鲜叶分级摊放至含水量70%左右后进行杀青；杀青要杀透杀匀，无青草气味和烟气味；杀青后及时将茶叶揉捻成条；揉捻加压不宜过重，时间为30—40分钟；解散

揉捻后结块茶进行半小时左右的日光干燥，后移至阴凉处摊放，至九成干左右为宜。

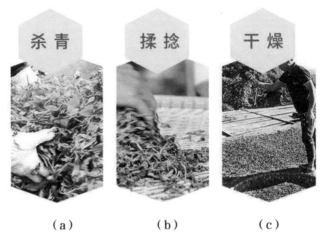

图 6-39 晒青毛茶制作工序

晒青毛茶（滇青）制作工艺跟绿茶工艺接近，并无发酵过程，不同于黑毛茶加工。

②成品制作

晒青毛茶经过以下工艺制成各类普洱成品茶，如图 6-40 所示。

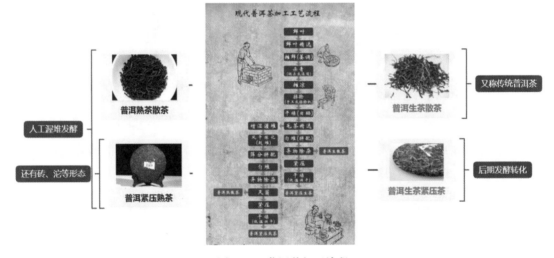

图 6-40 普洱茶加工流程

从以上流程可以看出，熟茶与生茶最主要的区别就是渥堆，生茶未经渥堆。渥堆的过程就是发酵的过程，是形成普洱熟茶特性的关键。

③普洱茶是黑茶吗？

普洱茶归类在黑茶下，这在以前一直是一种根深蒂固的看法，但普洱茶因其制作方法与黑茶制作方法有异，这种分类受到越来越多的质疑和争论。

我国著名茶学专家陈椽教授最早提出的六大茶类分类方法，得到广泛认可和应用。

根据绿茶和黑茶的工艺流程，绿茶的制作方法包括杀青、揉捻、干燥，黑茶的制作方法包括杀青、揉捻、渥堆、干燥，可以看出生茶的制作工艺与绿茶相似，熟茶的制作工艺与黑茶相似。基于此，我们建议熟茶属普洱黑茶，生茶属晒青绿茶比较合适，普洱茶工艺与黑茶工艺既有区别又有共同之处，不能简单地将普洱茶归于黑茶或单列成"第七大茶类"。

阿拉小茶人，生活上很多事物由于分类标准的不同，结果自然不同。从日常喝茶的角度而言，大家大可不必纠结于"普洱茶到底属于六大茶类中的哪类茶"，而应将重点放在感受普洱茶与众不同的魅力和探究它博大精深的奥秘即可。

## 二、行茶

阿拉小茶人，有个形象的比喻，"器如茶之父"，说明行茶中茶具的选择是非常重要的环节，选好了泡出来的茶会更好喝。

### （一）茶器选择

在认识黑茶的环节，我们了解到黑茶是我国六大茶类中比较特殊的茶。与其他五大茶类相比，黑茶具有"原料粗老，叶大梗多；工序较多，耗时较长，紧压茶多；越陈越香，陈韵独特"等特点。因此在冲泡黑茶时，选择壁厚、粗犷、透气性良好的陶器，一般用紫砂壶、陶壶作为主茶器冲泡，用陶壶或者砂器作为煮水器，用高温来唤醒茶叶及浸出茶容物，能使黑茶的陈韵得到最大的发挥。

陶瓷是陶器和瓷器的总称，是最能代表中国辉煌灿烂文明的手工艺品之一。讲到茶器，总离不开一个词，"景瓷宜陶"，就是江西景德镇的瓷器和江苏宜兴的紫砂壶。宜兴紫砂是中国"四大名陶"之一，紫砂壶更是被誉为天下茶具之魁首。在青茶部分中已经详细讲解了宜兴紫砂壶的相关知识，接下来我们学习中国四大名陶中的另外三大名陶。

### 1. 云南建水紫陶

建水紫陶（图6-41和图6-42），因产于云南建水，陶器呈赤紫色而得名。据现有史料和实物考证，建水紫陶产生于清代，始于道光年间。在我国陶瓷发展史上，曾有"宋有青瓷、元有青花、明有粗陶、清有紫陶"之说。陶泥取自境内五彩山，含铁量高，使成器硬度高，强度大，表面富有金属质感，叩击有金石之声，有"坚如铁、明如水、润如玉、声如磬"之誉，形成了中国陶瓷艺术中的一朵奇葩。建水紫陶质地紧密坚硬，防污染、防异味性能好，适宜贮存、沏泡茶叶，能够很好地呈现茶叶原有的滋味，成为集实用价值和观赏价值于一身的优秀茶器代表。

图 6-41  建水紫陶茶具套组　　　　　图 6-42  建水紫陶茶杯

### 2. 广西钦州坭兴陶

坭兴陶，以广西钦州市钦江东、西两岸特有的紫红陶土为原料，将东泥封闭存放，西泥取回后经过4—6个月以上的日照雨淋，使其风化碎土后，按东西4:6的比例混合，制成陶器坯料。东泥软为肉，西泥硬为骨，骨肉得以相互支撑，并经过坭兴陶烧制技艺烧制后形成坭兴桂陶。坭兴陶产品经窑变，表层经打磨去表层后，质地细腻光润，泥色斑斓绚丽，具有很高的欣赏和收藏价值。坭兴陶茶壶，由于陶土中富含铁、锌、钙、锶等对人体有益的金属元素，具有泡茶不走味、贮茶不变色、盛夏盛茶隔夜不馊等独特优点，非常适合黑茶冲泡。坭兴陶龙蛋茶壶，如图6-43所示。坭兴陶梨型茶壶，如图6-44所示。

图 6-43  坭兴陶龙蛋茶壶　　　　　图 6-44  坭兴陶梨型茶壶

### 3. 重庆荣昌陶

荣昌陶产于重庆，至今已有800多年的历史。茶器属于荣昌陶中的工艺陶。工艺陶中素烧的"泥精货"，具有天然色泽，给人以古朴淡雅之感；以各种色釉装饰的"釉子货"，观之有晶莹剔透之形，叩之能发出清脆悦耳之声，装饰大方朴质而富于变化，具有浓郁的民族风格和地方特色。荣昌陶茶壶产品设计灵巧，造型优美，透示出强烈的生命活力。荣昌陶茶壶如图6-45所示，荣昌陶茶具套组如图6-46所示。

图 6-45 荣昌陶茶壶

图 6-46 荣昌陶茶具套组

## （二）冲泡要素

黑茶的原料比较粗老，经过发酵以后，茶叶中的可溶物浸出速度比较慢，并且多为紧压茶，冲泡时需要一定的时间舒展开来。因此，在冲泡黑茶前，掌握冲泡要素是十分重要的。

## 1. 泡茶水温

黑茶对水温要求高，一般要求沸水冲泡，水温控制在 100℃。泡茶用水建议用陶壶或者铁壶煮沸，有利于泡出黑茶的滋味。两种煮水壶如图 6-47 所示。

（a）

（b）

图 6-47 黑陶煮水壶和铁制煮水壶

## 2. 茶叶用量

与细嫩的绿茶和红茶相比，黑茶原料粗老，较为耐泡。以目前流行的黑茶清饮法为例，茶叶用量建议高档砖茶及散茶上品天尖茶茶水比为 1:30 左右，粗老砖茶为 1:20 左右。以容量为 120 毫升的盖碗或者壶为例，冲泡黑茶、普洱熟茶等经过渥堆发酵的茶，建议投茶量为 6 克左右。

## 3. 冲泡时间

泡茶时间以 120 毫升壶投茶 7 克为例，第一泡出汤时间散茶约 15 秒，紧压茶为

20秒；第二泡出汤时间散茶为10秒，紧压茶约15秒；第三泡散茶约15秒，紧压茶约15秒；第四泡散茶约25秒，紧压茶约25秒；第五泡散茶约40秒，紧压茶约40秒。此后，每泡延长30秒，直至茶味平淡，即可换茶。

## （三）行茶方法

清饮黑茶能够更好地品味黑茶温和的茶性和醇厚的口感，是多数黑茶爱好者喜爱的品饮方式。一般来说，根据黑茶的特点，可以用盖碗和陶壶（紫砂壶）冲泡法，鉴于在前文中已经学习了盖碗冲泡法。因此，以千两茶壶泡法为例，学习黑茶壶泡法流程。为了能更好地将黑茶泡好，在行茶中重点要注意保持主茶器的高温，借鉴乌龙茶泡法，可以适当加入温壶环节，更好地发挥黑茶的陈韵。

### 1. 备具

建议准备壶承、陶壶（建议容量120—180毫升，随人数而定）、公道杯、茶漏、四杯套品茗杯和杯垫、茶则三件套、茶叶罐、茶荷、茶巾、随手泡、奉茶盘、水盂，如表6-1所示。

表6-1 黑茶陶壶泡法备具

| 器具名称 | 数 量 | 质 地 |
|:---:|:---:|:---:|
| 壶承 | 1 | 陶或瓷质 |
| 陶壶 | 1 | 陶制 |
| 公道杯 | 1 | 陶瓷 |
| 茶漏 | 1 | 瓷质或玻璃 |
| 品茗杯和杯垫 | 4 | 金属或瓷质 |
| 茶则 | 1 | 竹制 |
| 茶叶罐 | 1 | 瓷质 |
| 茶荷 | 1 | 陶瓷或玻璃 |
| 茶巾 | 1 | 棉质 |
| 盖置 | 1 | 瓷质 |
| 随手泡 | 1 | 玻璃或者金属 |
| 奉茶盘 | 1 | 竹或木质 |
| 水盂 | 1 | 瓷质 |

茶盘备具建议如图 6-48 所示。

图 6-48 黑茶陶壶泡法备具

茶席布具建议如图 6-49 所示。

图 6-49 黑茶壶泡法茶席布具

## 2. 流程

（1）温壶（图 6-50）

温壶是壶泡法的重要环节之一，目的是洗涤茶具，提高壶温。将热水冲入陶壶，注水量建议半壶左右。

建议陶壶注水后热水淋壶，进一步提高壶温；为了维持壶温，可以等下面赏茶步骤完毕后，再倒出壶里热水进行温杯。

（a）　　　　　　　　　　　　　（b）

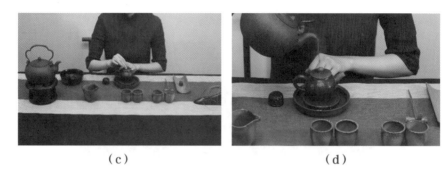

（c）　　　　　　　　　　　（d）

图 6-50　温壶步骤

（2）赏茶（图 6-51）

　　取茶叶罐中的黑茶适量，置于茶荷中，在冲泡之前先请客人赏茶，并简单介绍茶叶的产地、品种、特征等信息。

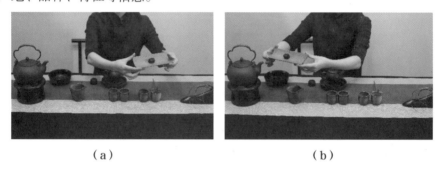

（a）　　　　　　　　　　　（b）

图 6-51　赏茶步骤

（3）温公道杯（图 6-52）

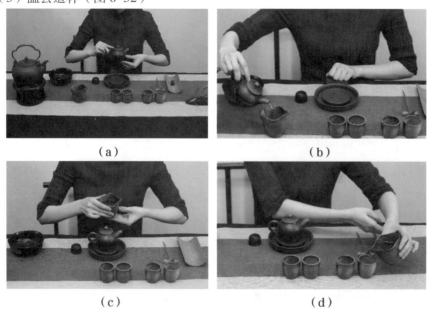

（a）　　　　　　　　　　　（b）

（c）　　　　　　　　　　　（d）

图 6-52　温公道杯步骤

建议陶壶出水注公道杯前，参考紫砂壶温壶手法持壶逆时针转动一圈，维持壶温；持壶将热水注入公道杯，参考温壶手法温公道杯；将热水依次斟入品茗杯中等候温杯。

（4）置茶（图6-53）

用茶匙小心地将干茶拨入陶壶中。

（a）　　　　　　　　　　　　（b）

图6-53　置茶步骤

（5）润茶（图6-54）

沸水置入壶中，采用定点注水的办法，水位刚浸末茶叶。淋壶提高壶温，持壶快速出水倒入水盂中，以唤醒茶叶。如茶相对粗老，还可重复一次。如有湿泡壶承，建议将润茶水留在公道杯中，用来淋陶壶，以保持壶的温度。

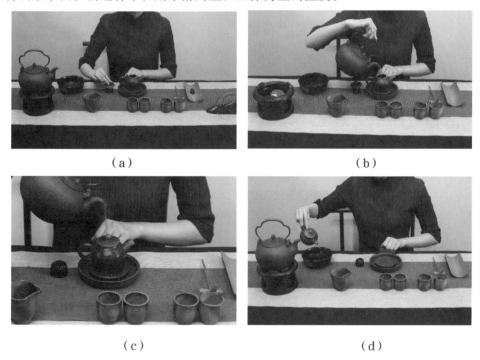

（a）　　　　　　　　　　　　（b）

（c）　　　　　　　　　　　　（d）

图6-54　润茶步骤

（6）冲泡（图 6-55）

提随手泡将沸水用定点冲泡法注入壶中，至壶口齐平，盖上壶盖。建议再以沸水淋壶，维持壶温，使黑茶的茶味得以更好的散发。

（a） （b）

图 6-55 冲泡步骤

（7）温杯（图 6-56）

右手持杯旋转将温杯的水倒入水盂中，注意转杯时不可幅度过大，否则水将滴下。因多数黑茶经过紧压，需充分泡开，故候汤时间需适当延长。等待时间可进行温杯，目的是维持品茗杯温度，提升茶汤口感。

（8）出汤（图 6-57）

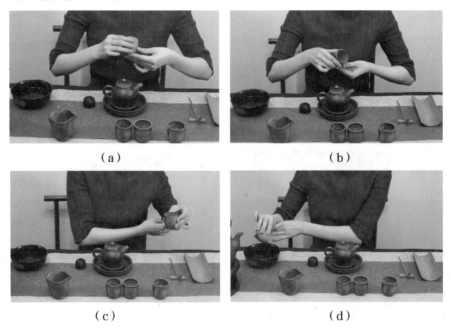

（a） （b）

（c） （d）

图 6-56 温杯步骤

手持壶，壶底放于茶巾上擦拭，使之不留水渍。手持茶壶将茶汤倒入公道杯中。注意壶中的茶汤要滴尽，以免剩余茶汤影响下一泡品质。出汤时间参考上文。

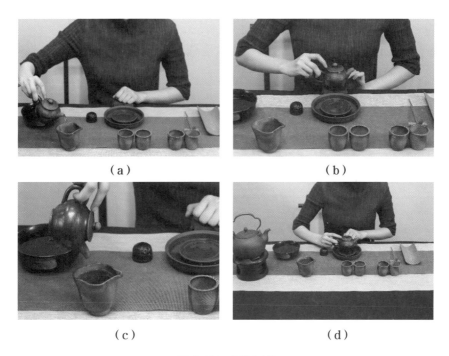

（a）　　　　　　　　（b）

（c）　　　　　　　　（d）

图 6-57　出汤步骤

（9）斟茶（图 6-58）

根据品茗杯摆放的位置，斟茶时注意公道杯换手操作。

茶汤均匀地低斟分入品茗杯中，四杯茶汤均匀，公道杯嘴最好贴近杯沿，以免香气散失，温度降低。

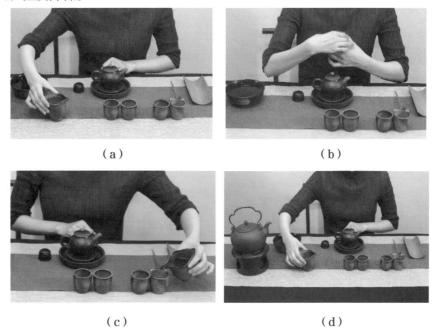

（a）　　　　　　　　（b）

（c）　　　　　　　　（d）

图 6-58　斟茶步骤

（10）奉茶（图6-59）

奉茶敬客。起身双手持杯向客人奉茶，欠身鞠躬30度，做伸掌礼，示意客人："请品茶。"

（a）　　　　　　　　　　　（b）

**图6-59　奉茶步骤**

（11）品茶（图6-60）

奉完茶后，留一杯自品。品饮黑茶时，要一边看汤色，一边闻茶香，轻饮一口，细细品味，使茶汤遍布口腔，尽情享受黑茶的茶韵。

（a）　　　　　　　　　　　（b）

（c）　　　　　　　　　　　（d）

**图6-60　品茶步骤**

（12）收具（图6-61）

取出茶盘，把各茶具按"从右往左，从近到远"的顺序依次放入茶盘。

（a）

（b）

（c）

（d）

图 6-61　收具步骤

## 3. 茶艺欣赏

扫一扫上方二维码，欣赏黑茶陶壶泡法茶艺流程。

 # 三、赏茶

## （一）黑茶鉴赏

在中国茶的大家族里，相比春意盎然的绿茶、浓情蜜意的红茶和妩媚多姿的青茶，黑茶更像是一位隐者，平静而祥和。鉴赏黑茶，阿拉小茶人可以重点把握黑茶的特殊美感：一是古朴多样的外形；二是原生态的包装；三是其茶色如黑铁、汤色似琥珀之特殊韵味。根据黑茶的加工工艺，我们分别选取最具代表性的天尖和六堡散茶、茯砖、普洱紧压熟饼和独具特色的千两花卷茶进行鉴赏，我们先从看干茶的形状和色泽开始。

## 1. 干茶

古朴多样的外形和原生态的包装是黑茶干茶的最大特点。例如，"三尖"茶常用竹制篾篓包装，紧压茶中最常见的是"四砖"、普洱熟饼茶，奇特的千两花卷茶。

这些茶外形独特，包装用竹篾、棕片、笋壳、麻绳等天然原始材料，可谓"纳天地之灵气、吸日月之精华"，透射出茶与自然的和谐之美。

（1）散茶

天尖茶（图6-62）用料最细嫩，茶条紧结、扁直，色泽乌黑油润。六堡茶（图6-63）散茶条索紧细、匀整，色泽黑褐油润。

图6-62　天尖茶干茶　　　　　　图6-63　六堡茶干茶

（2）紧压茶

砖茶中的代表茯砖茶（图6-64）外形特征：砖面平整，棱角分明，厚薄一致，色泽呈黄黑褐色，撬散后内质发花茂盛，砖内无黑霉、白霉、青霉和红霉等杂菌。

（a）茯砖茶　　　　　　　　　　（b）茯砖茶散块

图6-64　茯砖茶和茯砖茶散块

普洱熟茶的七子饼（图6-65）形状端庄匀称，呈圆饼形，直径21厘米，顶部微凸，

（a）普洱熟茶饼茶正面　　　　　（b）普洱熟茶饼茶背面

图6-65　普洱熟茶饼茶正面和普洱熟茶饼茶背面

中心厚 2 厘米，边缘稍薄为 1 厘米，底部平整而中心有凹陷小坑，每饼重 357 克；色泽红褐显毫。

（3）花卷茶

花卷茶代表千两茶（图 6-66），外形色泽黑褐，圆柱体型压制紧密，切割横截面无蜂窝巢状，茶叶紧结或有"金花"。

（a）千两茶（横截面）　　　　　　（b）千两茶切块茶样

图 6-66　千两茶（横截面）和千两茶切块茶样

## 2. 茶汤

由于黑茶经过后发酵，汤色较深，根据品种之不同，现出橙黄、红黄、橙红、褐红之区别，优质黑茶茶汤明亮，呈琥珀色，滋味总体醇和苦涩轻。

（1）散茶

散茶天尖茶制作工艺是湖南黑茶制作的典型代表，经过"七星灶"干燥之后，冲泡后的茶汤香气纯浓，带松烟香，汤色橙黄，滋味浓厚。六堡茶的独特工艺和当地气候条件下的后期转化促使茶汤香气陈香纯正，汤色深红明亮，滋味醇厚。天尖茶茶汤如图 6-67 所示，六堡茶茶汤如图 6-68 所示。

图 6-67　天尖茶茶汤　　　　　　图 6-68　六堡茶茶汤

（2）紧压茶

优质茯砖茶金花绵密，发花茂盛，茶汤有纯正的菌花香，汤色橙红明亮，滋味醇和。普洱熟茶经过人工渥堆发酵，使得汤色红浓明亮，香气独具陈香，滋味醇厚回甘。茯砖茶汤色如图 6-69 所示。普洱熟茶汤色如图 6-70 所示。

图 6-69　茯砖茶汤色　　　　　　　图 6-70　普洱熟茶汤色

（3）花卷茶

　　千两茶初制黑毛茶也经过"七星灶"烘焙环节，因此茶汤香气纯正带有松烟香，汤色橙黄，新制的千两茶滋味醇和微涩，经过后期转化，滋味醇厚。千两茶茶汤和汤色如图 6-71 所示。

（a）　　　　　　　　　　　　（b）

图 6-71　千两茶茶汤和汤色

## 3. 叶底

　　黑茶的叶底根据渥堆发酵的轻重呈现出红褐色到黑褐色的变化，散茶叶张完整，茯砖、饼茶和花卷茶因为紧压，冲泡后叶张完整性稍欠。

（1）散茶

（a）天尖茶叶底　　　　　　　　（b）六堡茶叶底

图 6-72　天尖茶叶底和六堡茶叶底

天尖茶用料最为细嫩，叶底黄褐夹带棕褐色，叶张完整，尚嫩匀。六堡散茶叶底红褐或黑褐色，细嫩柔软明亮。天尖茶叶底和六堡茶叶底如图6-72所示。

（2）紧压茶

茯砖茶叶底黄褐，叶片较为完整，带梗。普洱熟茶经过较长时间发酵，叶底红褐柔嫩。茯砖茶叶底和普洱熟茶叶底如图6-73所示。

（a）茯砖茶叶底　　　　　　　　　　　（b）普洱熟茶叶底

图6-73　茯砖茶叶底和普洱熟茶叶底

（3）花卷茶

千两茶叶底（图6-74）黑褐油润，叶张较完整，尚嫩匀。

图6-74　千两茶叶底

【填一填】

请阿拉小茶人总结所学的黑茶赏茶知识，参考第一条写法，填好表6-2。

表6-2 黑茶鉴赏一览表

| 分类 | 名茶 | 干茶 | 茶汤 | | | 叶底 |
| --- | --- | --- | --- | --- | --- | --- |
| | | | 汤色 | 香气 | 滋味 | |
| 散茶 | 天尖茶 | 茶条紧结、扁直，色泽乌黑油润 | 橙黄 | 香气纯浓，带松烟香 | 浓厚 | 黄褐夹带棕褐色，叶张较完整、尚嫩匀 |
| 紧压茶 | | | | | | |
| 花卷茶 | | | | | | |

扫一扫上方二维码，查看参考答案。

## （二）茶席欣赏

### 1. 茶席主题：壶韵千年

茶席主题如图6-75所示。

图6-75 主题茶席

### 2. 主题阐述

茶艺整体设计采用魔幻现实主义的手法，通过时光穿越，设计了两段对话：1018

年，多年科举不第的书生感慨怀才不遇，壮志难酬，茶树劝慰其要"清心"；2018年，书生轮回为学生，求学遇阻，而茶树则辗转成为"千年湖底泥"茶器，茶器劝慰其在新时代不忘茶之初心，勇于创新。

人生如千年之壶，如发酵之茶，一时沉淀，只是为了更加浑厚。愿"藏器于身"的阿拉小茶人都能抓住我们这个美好时代的机遇而动，脚踏实地，砥砺前行。

### 3. 茶席特色

（1）整体布局

整体布局为两套茶具呈中轴对称式摆放，体现了几千年来中国传统文化所追求的造物里的中轴对称美。如图 6-76 所示。

图 6-76　整体布局

（2）茶器特色

茶席底布为整洁素雅的白灰色，象征茶之本源和习茶之人内心的纯粹和宁静。用天蓝色的茶旗点缀，仿佛蓝天白云下东钱湖那一湾碧水。茶器是东钱湖千年湖底泥的柴烧茶具套组，经手工制作，匠人烧制，立足地域特色。茶席左侧布置极具中国风的折扇摆件，上题"东钱湖"三字隶书，突出书卷之气；右侧黑陶花器大气稳重，压住席面。

（3）茶品介绍

安化黑茶，手筑茯砖；凝聚匠心，发花茂盛；外在虽粗，内心细腻；茶性温和，醇厚饱满。湖底泥手作茶器和手筑茯砖茶实乃绝配！

（4）音乐介绍

《春城孤鹤》。听琴如修禅，以宁静的心，全身心去聆听舒缓的琴乐，绝妙的琴音，悠长的琴韵。这时，不知不觉地走向内在，走向"无我"的境界。

**4.一展身手**

请阿拉小茶人参考以上创新茶席的设计来自主设计一个黑茶茶席,并拍照上传"阿拉的一方茶席"。

扫一扫上方二维码,查看和上传照片。

## (三)茶俗欣赏

黑茶是我国西部少数民族的生命之饮。客来敬茶,是中国人民的传统礼节,少数民族热情好客,善于以茶待客。由于地理分布、传统习惯和文化上的差异,各自形成了特有的茶俗和待客之道。小茶人们,我们以黑茶为媒,一起来领略少数民族的特色茶俗吧。

### 1.藏族爱喝酥油茶

在缺少蔬菜的青藏高原,茶叶成了人体维生素等营养成分的主要来源,因此藏族同胞"宁可一日无米,不可一日无茶"。饮酥油茶是藏族同胞饮茶的主要方式和招待客人的重要礼节。每当宾客至家,主人总是奉献一碗醇香可口的酥油茶以示敬意。据传,文成公主入藏与松赞干布完婚后,除了带去茶等中原特产外,还创制了奶酪和酥油,并以酥油茶赏赐群臣,从此渐成风俗。酥油茶和原料——康砖茶如图6-77所示。

（a）酥油茶　　　　　　　　　　（b）康砖茶

图6-77　酥油茶和康砖茶

酥油茶的制法是先将适量酥油放入特制的桶中,加入食盐,再注入熬煮的藏茶康砖等黑茶的浓茶汁,用木柄反复捣拌,使酥油与茶汁溶为一体,呈乳状后倒进锅里加热,便成了喷香可口的酥油茶了。酥油茶和糌粑搭配,成为青藏高原上的绝配美食。打酥油茶桶如图6-78所示。

图 6-78　打酥油茶桶

　　喝酥油茶需非常注重礼节。客人用茶时，不可急，应在喝第一碗时留下少许，以表示主妇手艺不凡，酥油茶制得好。热情的主人总是要将客人的茶碗添满；假如客人不想再喝，就不要动它；假如喝了一半，不想再喝了，主人把茶添满，碗就摆着；客人准备告辞时，可以连着多喝几口，但不能喝干，碗里要留点漂油花的茶底，这样才符合藏族的习惯和礼貌。

## 2. 蒙古包里喝奶茶

　　蒙古族人爱喝奶茶，每年人均消费茶叶多达 8 千克，这在全中国也很少见。所谓"民以食为天"，一日三餐是不可少的，但蒙古族却习惯于"一日三茶一餐"，即每天早、中、晚都喝奶茶，只在傍晚收工后才进餐一次。蒙古族奶茶和搭配小吃如图 6-79 所示。

（a）蒙古族奶茶　　　　　　　　　　（b）小吃

图 6-79　蒙古族奶茶和搭配小吃

　　蒙古族奶茶以青砖茶为原料，先将茶砖捣碎放入铜壶加水煮开，再加适量的牛（羊）奶和少许食盐就可以了。乍看十分简单，但要做出好奶茶也非易事，只有在器、茶、奶、盐和温度相互协调时，才能煮出醇香可口的好奶茶。牧民们在喝奶茶时，习惯同时吃一些炒米、油炸果之类的点心，因此虽一日只进餐一次，有了奶茶补充热量后就不会感到饿了。

### 3. 纳西族爱"龙虎斗"

纳西族的聚居地是美丽的丽江，地处茶马古道要塞。当地人民非常喜欢茶，饮茶历史十分悠久。"龙虎斗"是纳西族的特色茶饮，是一种富有神奇色彩的茶俗，其制作方法如下。

首先把陶罐在火上烘烤，烤热时投入适量当地古茶树叶制作的茶叶，待茶叶焦黄发出焦香时倒入沸水煎煮，将茶汁熬得浓厚；在特制陶土茶杯内倒上小半杯白酒，点上火，茶杯中的酒烧出蓝色火焰；等到白酒烧到一半，茶杯温度变高后，将熬煮好的茶汤倒入茶杯，茶杯内发出"噼啪"的响声，顿时茶香酒香四溢。纳西族把这种响声看作吉祥的象征，响声越大越吉祥。在茶水里加一个辣椒，便是纳西族用来治感冒的良方。感冒时喝一杯"龙虎斗"，浑身出汗后睡一觉就感到头不昏了，浑身有力，感冒就神奇般地好了，这真是茶酒结合胜过灵丹妙药。"龙虎斗"茶艺步骤，如图6-80所示。"龙虎斗"茶席，如图6-81所示。

　（a）　　　　　　（b）　　　　　　（c）　　　　　　（d）

图 6-80 "龙虎斗"茶艺步骤

图 6-81 "龙虎斗"茶席

### 4. 白族崇尚"三道茶"

"三道茶"是云南白族的民间茶俗，公元8世纪时期流行于大理白族居住地区。

不论是逢年过节、生辰寿诞，还是男婚女嫁和好友登门，主人都会以"一二甜三回味"的三道茶款待宾客。"三道茶"的原料和成品如图6-82所示。

（a）　　　　　　　　　　　　（b）

图6-82　"三道茶"的原料和成品

第一道苦茶，采用大理产的沱茶，用特制的陶罐烘烤冲沏，茶味以浓香苦为佳。白族称这道茶为"清苦之茶"，它寓意做人的道理："要立业，就要先吃苦。"第二道甜茶，以大理感通茶、红糖、乳扇、核桃为主要原料配制，其味香甜适口，寓意"人生在世，做什么事，只有吃得苦，才会有甜香来"。第三道回味茶，以苍山雪绿茶、冬蜂蜜、椒、姜、桂皮等主料泡制而成，生津回味，沁人肺腑，它寓意人们要常常"回味"，牢记住"先苦后甜"的哲理。主人款待"三道茶"，一般每道之间相隔3—5分钟。另外，除茶外，在桌上还摆放瓜子、松子、糖果之类，以增加品茶情趣。

藏族酥油茶　　　　蒙古族奶茶　　　　纳西"龙虎斗"　　　白族"三道茶"

扫一扫上方二维码，欣赏少数民族特色茶俗。

## 四、事茶——创新茶艺

茶艺表演是普及茶文化的一种方式，让大家在美的享受和熏陶中了解茶文化。随着时代的发展，大众审美水平的提高，茶艺表演百花齐放。无论是茶艺表演还是茶艺比赛，创新茶艺始终是最具看点的项目。

### （一）认识创新茶艺

浙江省著名茶艺教育专家张星海博士在《茶艺传承与创新》里指出，创新茶艺是个人或者团体对茶艺表演主题立意、茶席布置、冲泡手法、音乐服饰等方面进行创新

编排，将解说、表演、行茶融入其中，综合展现立意之深、茶艺之美。

## （二）编排创新茶艺

### 1. 主题构思

建议小茶人从校园、生活中汲取灵感，展现蓬勃向上、充满朝气的正能量。

### 2. 茶席设计

席面布置贴合主题，空间布局茶具选择科学合理，符合操作规范，不建议采用过于贵重的茶器。茶席设计在色彩和搭配上要与主题相契合。

### 3. 茶艺演示

行茶动作连绵、协调并有创新、程序合理，能体现所选茶类泡法、过程完整流畅；团队配合默契。烹饪讲究色、香、味俱全，茶汤同样如此，务必充分表达所泡茶的质量。

### 4. 舞台效果

在茶艺表演过程中融入审美元素，在这里是真正创新的地方。比如，背景视频和音乐创作需要紧扣主题，与茶艺表演相得益彰，不必喧宾夺主，过于华丽。在选择音乐、茶服和饰品时，应结合主题所处的时代，切勿过于穿越和另类，建议阿拉小茶人多考虑符合自身定位的青春校园风格。

阿拉小茶人组团队设计创新茶艺时，可以参考表6-3进行分工合作。

表6-3 创新茶艺设计说明

| 组　名 | | 主　题 | |
|---|---|---|---|
| 音　乐 | | 茶　名 | |
| 组内分工 | 1. 备具、茶席布置：_____ <br> 2. 解说词撰写：_____ <br> 3. 伴奏音乐选择：_____ <br> 4. 茶艺表演者：_____ <br> 5. 现场解说：_____ <br> 6. 其他：_____ | | |

## （三）欣赏创新茶艺

# 梦启东旅

### 1. 主题构思

一名新生入校进茶艺社习茶，喜逢甲子校庆，从学校似黑茶转化般辉煌历史的激励开始了习茶路，到工夫红茶制作的艰辛体会一分耕耘、一分收获的道理，最后到福泉茶园体验一片叶子经历水与火的重重磨砺，褪去了初生的青涩，成为精致的东海龙舌茶叶的过程，感悟到习茶之时学做人，懂得茶的真谛！

### 2. 茶席设计

（1）黑茶茶席（图6-83）

黑茶茶席体现了黑茶粗犷厚重的风格，黑陶侧把壶茶器配合男生沉稳简练的动作，边侧配以绿植点缀烘托蓬勃向上的生气。

图6-83 黑茶茶席

（2）红茶茶席（图6-84）

图6-84 红茶茶席

红茶茶席以祭红釉盖碗套组为主体，玻璃水壶为辅，配以粉红玫瑰点缀，体现红茶特色，兼具时尚气息。

（3）绿茶茶席（图6-85）

绿茶茶席创新性地采用青瓷碗泡法茶具组合，配以苹果绿桌旗和春天的花叶，洋溢着青春的校园气息。

图 6-85　绿茶茶席

## 3. 行茶手法

在黑茶中用侧把壶的操作手法对陶壶泡法进行了适当调整，红茶采用经典的盖碗泡法，绿茶创新性地用了青瓷碗泡法，增强了艺术感。

## 4. 茶艺演示

茶艺舞台布局，如图6-86所示。

图 6-86　茶艺舞台布局

（1）舞台布局

三桌呈品字形布局，突出男生主泡。

（2）舞台背景

东钱湖福泉山、校园和茶艺室习茶PPT图片切换，如果能有视频展示，效果更好。

（3）背景音乐

古琴曲《梅花三弄》现场演奏，音乐展现了梅花傲然挺立在寒风中的坚毅画面，鼓励学生克服习茶路上的困难，坚毅前行。

（4）背景解说

现场朗诵。参考解说词如下。

梦启东旅（节选）

这是我来到学校的第一年。初入校园，还未脱去稚气的我兴奋异常。我缓缓漫步于校园，各种各样的社团展演如火如荼，有书法，有插花，有围棋，又有绘画，真是精彩纷呈。走着走着，一阵阵清香扑面袭来，我的心头一亮，这是茶香，陌生但又亲切。循着茶香走去，我看到学姐们正在表演茶艺。茶碗中水烟袅袅，干瘪的茶叶在清冽的泉水中重新展开鲜活的姿态，那么，让我也加入你们中间吧……

扫一扫上方二维码，欣赏完整版解说词。

扫一扫上方二维码，欣赏《梦启东旅》创新茶艺视频。

 五、茶与生活

**茶叶保存常识**

随着我国人民生活迈入全面小康阶段，全民饮茶之风席卷神州。阿拉小茶人在学茶之后，心里肯定会有困惑：家里的茶会越来越多，需要放冰箱吗？茶叶怎么储存呢？接下来学习下茶叶保存常识。

## （一）影响茶叶品质的因素

影响茶叶品质的主要有茶叶自身和自然环境两个因素。

## 1.茶叶自身

茶叶自身有很强的吸湿性和吸味性，如果存贮方法稍有不当，茶叶就会吸附空气

中的水分和异味，失去原有风味，越是轻发酵、高清香的名贵茶叶越难保存。

## 2. 自然环境

阿拉小茶人，请看图6-87，数一数影响茶叶品质的自然因素有哪几个。接下来逐一了解自然因素对茶叶品质的影响。

图 6-87　影响茶叶品质的自然因素

（1）温度

一般来说，温度越高，茶叶的陈化越快。这里有个数据，温度每升高 1℃，茶叶褐变的速度就会加快 3—5 倍。在 10℃ 以下存放，能够抑制茶叶褐变。

（2）湿度

当茶叶中的含水量为 3% 左右时，茶叶容易保存；当茶叶含水量超过 6%，或空气湿度高于 60% 时，茶叶的色泽变褐变深，品质变劣，发生霉变。发霉的黑茶表面和储存较好的黑茶表面如图 6-88 所示。

（a）发霉的黑茶　　　　　　　　　（b）正常黑茶

图 6-88　发霉的黑茶表面和储存较好的黑茶表面

### 3. 氧气

在自然环境的空气中，含有20%的氧气。若茶叶不经任何保护就直接存放在自然环境中，它很快就会被氧化，使汤色变红，甚至变成褐色，茶叶也因此失去鲜味。

### 4. 光线

在日常储存环境下，如果茶叶受到日光甚至是较强的灯光长时间照射，会产生令人不愉悦的"日晒味"，从而影响茶叶品质。

## （二）茶叶常规储存容器

保存茶叶的容器有很多种，根据家中品饮的实际情况，建议分三类容器储存。

### 1. 自封保鲜袋

自封保鲜袋材料以牛皮纸和铝塑居多，适合近期经常饮用且量较少的茶叶，比如红茶、白茶和已经撬开的散块黑茶等。优点是价格低廉，随身携带方便。茶叶罐缺点是密封性一般，因此不建议存放绿茶和黄茶等较容易陈化的茶叶。牛皮纸自封袋和铝塑自封袋如图6-89所示。

（a） （b）

**图6-89 牛皮纸自封袋和铝塑自封袋**

### 2. 各类茶叶罐

从质地上区分，茶叶罐一般有锡制、铁制、陶瓷、玻璃、竹木等。用茶叶罐存放茶叶，则以口小腹大者为宜。茶叶罐密封性较好，适合短期内需要消耗完的各类茶叶存放，黑茶撬散后放在紫砂等陶罐中还有助于唤醒茶叶。工艺较好的茶叶罐摆放在家中，凸显艺术感和主人的品位。反过来说，茶叶罐缺点是容量较小、成本较高。各种茶叶罐如图6-90所示。

（a）青瓷茶叶罐

（b）紫砂茶叶罐

（c）金属茶叶罐

（d）玻璃茶叶罐

图 6-90　各种茶叶罐

### 3. 陶瓷类容器

陶瓷类较大的紫砂坛和缸，适合储存在适当条件下可以长期存放的紧压茶，例如各类黑茶饼茶、砖茶和老白茶饼茶等。需要注意的是，一个坛或缸存放一种茶叶，例如普洱茶生、熟分开，防止茶品不同导致串味。紫砂缸和建水紫陶坛如图 6-91 所示。

（a）

（b）

图 6-91　紫砂缸和建水紫陶坛

## （三）六大茶类储存方法

从理论上讲，茶叶在干燥（含水量在 6% 左右）、冷藏、无氧（抽成真空或充氮）和避光环境保存最为理想。不同的茶叶，根据其不同的特点，储存方法也有区别，具

体如下。

### 1. 绿茶、黄茶

在所有茶叶中，绿茶尤其是名优绿茶建议放在冰箱里密封冷藏储存，当年新茶建议尽快饮用完毕。如果绿茶有很多，建议准备一个小型冷柜专门放绿茶，以免在冰箱和其他食品共存发生串味，黄茶储存可参考绿茶方法。

### 2. 乌龙茶

根据发酵程度，岩茶、浓香型铁观音和部分单枞茶等发酵较重的茶，常温保存即可。清香型铁观、包种茶等发酵较轻的茶，为了保持其鲜爽滋味，则放冰箱低温保存为好。

### 3. 红茶

红茶干茶含水量不高，很容易受潮或者散发香味，在存放时要避免不同种茶叶的混合存放，一般可放置在密闭干燥容器内，例如紫砂罐、瓷罐或锡罐为佳，避开光照和高温环境。

### 4. 白茶

白茶呈现出最接近自然的鲜甜口感，存放不用低温保鲜，只需常温防异味就可以了。因此白茶适合放在密封性瓷质或者金属茶叶罐中，白茶茶饼可以放在紫砂缸中，以利后期转化。

### 5. 黑茶

黑茶和普洱茶保存需要通风、干燥、无异味的条件，建议室内温度控制在25℃左右，湿度控制在60%左右，以利茶叶品质的转化。家庭存放黑茶，如果量少或者撬散，可用牛皮纸自封袋或紫砂茶叶罐等保存。如果量大，可将同一品种茶在陶瓷缸坛一起存放。

## 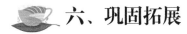 六、巩固拓展

（一）练一练

1. 判断：湖南是六堡茶的产地吗？（　　）

2. 单项选择：黑茶制作过程中的关键工序是哪个？（　　）

　　A. 杀青　　　　　B. 揉捻　　　　　C. 渥堆　　　　　D. 摇青

3. 多项选择：下列属于湖南黑茶的有（　　）。

   A. 米砖茶 　　　B. 黑砖茶 　　　C. 千两茶 　　　D. 天尖茶 　　　E. 六堡茶

（二）选一选

以下哪几种茶具适合冲泡黑茶？请在下面打钩。

   （　　）　　　　　　　（　　）　　　　　　　（　　）　　　　　　　（　　）

（三）连一连

将下列黑茶和产地连起来。

   1. 六堡茶 　　　　　　　　湖南

   2. 茯砖茶 　　　　　　　　四川

   3. 康砖茶 　　　　　　　　广西

   4. 千两茶 　　　　　　　　湖北

（四）算一算

   花卷茶是黑茶中非常独特的一种茶，而千两茶又是花卷茶中的明星。阿拉小茶人可能会很好奇，千两茶为什么取名为千两茶，难道是真的有一千两重？我们现在的"两"折合为50克，那么一千两等于50000克也就是50千克。然而，千两茶意义上的"千两"指的是净含量合老秤一千两，老秤16两为现在的1斤，故得名"千两"。

   请阿拉小茶人根据学习材料内容，解答以下问题：

   1. 千两茶的一两是几克？

   2. 一卷"千两茶"重多少千克？

   3. "百两茶"和"十两茶"分别有多重？

# 参考文献

[1] 陈宗懋，俞永明，梁国彪，等．品茶图鉴 [M]．南京：译林出版社，2014.

[2] 王岳飞，徐平．茶文化与茶健康 [M]．北京：旅游教育出版社，2014.

[3] 赵玉香，俞元宵．茶叶鉴赏购买指南 [M]．吉林：吉林出版集团时代文艺出版社，
2011.

[4] 周智修．习茶精要详解 [M]．北京：中国农业出版社，2018.

[5] 程启坤，姚国坤，张莉颖．茶及茶文化二十一讲 [M]．上海：上海文化出版社，
2010.

[6] 池宗宪．铁观音 [M]．合肥：时代出版传媒股份有限公司，黄山书社，2009.

[7] 邓时海．普洱茶续 [M]．昆明：云南科技出版社，2004.

[8] 王岳飞，周继红．第一次品绿茶就上手（图解版）[M]．北京：旅游教育出版社，
2016.

[9] 秦梦华．第一次品白茶就上手（图解版）[M]．北京：旅游教育出版社，2015.

[10] 朱旗，胥伟．第一次品黑茶就上手（图解版）[M]．北京：旅游教育出版社，2017.

[11] 周红杰，李亚莉．第一次品普洱茶就上手（图解版）[M]．北京：旅游教育出版社，2017.

[12] 蔡正安，唐和平．湖南黑茶 [M]．长沙：湖南科学技术出版社，2007.

[13] 肖力争，卢跃，李建国．安化黑茶知识手册 [M]．长沙：湖南人民出版社，2012.

[14] 林振传．白茶 [M]．北京：中国文史出版社，2017.

[15] 屠幼英．茶与健康 [M]．西安：世界图书出版社，2011.

[16] 江用文，童启庆．茶艺师培训教材 [M]．北京：金盾出版社，2008.

[17] 童启庆，寿英姿．生活茶艺 [M]．北京：金盾出版社，2008.

[18]《线装经典》编委会．茶道·茶经 [M]．昆明：云南人民出版社，2017.

[19] 张星海．茶艺传承与创新 [M]．北京：中国商务出版社，2017.

[20] 陈燚芳．一方茶席 [M]．杭州：西泠印社出版社，2018.

[21] 双鱼文化．中国名茶 [M]．南京：凤凰出版社，2010.

[22] 姚国坤，张莉颖．名山名水名茶 [M]．北京：轻工业出版社，2006.

[23] 艺美生活．寻茶记：中国茶叶地理 [M]．北京：中国轻工业出版社，2018.

[24] 罗军．中国茶密码 [M]．上海：生活·读书·新知三联书店有限公司，2016.

[25] 陈君慧．中华茶道 [M]．哈尔滨：黑龙江科学技术出版社有限公司，2013.

[26] 矶渊猛．红茶之书 [M]．北京：时代华文书局，2017．沈阳：辽宁科学技术出版社．

[27] 日本主妇之友社 . 红茶品鉴大全 [M]. 北京：中国民族摄影艺术出版社，2015.

[28] 詹詹 . 一席茶·茶席设计与茶道美学 [M]. 北京：中国轻工业出版社，2019.

[29] 慢生活工坊 . 闻香识好茶：茶器珍赏 [M]. 杭州：浙江摄影出版社，2015.

[30] 鲁迅 . 鲁迅全集 [M]. 北京：人民文学出版社，2013.

[31] 刘小明 . 喝茶·饮酒：梁实秋小品精萃 [M]. 上海：上海书店出版社，1996.

[32] 陈龙 . 黑茶品鉴 [M]. 北京：电子工业出版社，2015.

[33] 宁波市教育局，宁波茶文化促进会 . 中华茶文化少儿读本 [M]. 香港：中国文化艺术出版社，2006.

[34] 潘城，姚国坤 . 一千零一叶：故事里的茶文化 [M]. 上海：上海文化出版社，2017.

[35] 龚淑英，鲁成银，刘栩，等 . 中华人民共和国国家标准 . 茶叶感官审评方法 [S].GB/ T23776—2009.

[36] 翁昆，张锦华，赵玉香，等 . 中华人民共和国国家标准 . 红茶 [S].GB/T13738.2—2017.

[37] 翁昆，张锦华，赵玉香，等 . 中华人民共和国国家标准 . 红茶 [S].GB/T13738.1—2017.

[38] 孙威江，林馥茗，林影，等 . 中华人民共和国国家标准 . 红茶加工技术规范 [S].GB/ T35810—2018.

[39] 赵玉香，翁昆，江元勋，等 . 中华人民共和国国家标准 . 红茶 [S].GB/T13738.3—2012.

[40] 陈栋，操君喜等 . 中华人民共和国供销合作行业标准 . 英德红茶 [S].GH/T1243—2019.

[41] 江元勋，翁昆，刘国英，等 . 中华人民共和国供销合作行业标准 . 金骏眉茶 [S].GH/ T1118—2015.

[42] 翁昆，杜威，宝兴伟，等 . 中华人民共和国供销合作行业标准 . 九曲红梅茶 [S]:GH/T1116—2015.

[43] 刘坤城，黄火良，等 . 中华人民共和国国家标准 . 安溪铁观音 [S].GB/T19598—2006.

[44] 陈伟忠，黄伙水，等 . 中华人民共和国国家标准 . 乌龙茶 [S].GB/T30357.6—2017.

[45] 杨乙强，林锻炼，翁昆，等 . 中华人民共和国国家标准 . 乌龙茶 [S].GB/T30357.2—2013.

[46] 林荣溪，张雪波，等 . 中华人民共和国国家标准 . 乌龙茶加工技术规范 [S].GB/ T35863—2018.

[47] 高清火，叶华生，等 . 中华人民共和国国家标准 . 武夷岩茶 [S].GB/T18745—2006.

[48] 翁昆，刘仲华，尹钟，等 . 中华人民共和国国家标准 . 黑茶 [S].GB/T32719.1—2016.

[49] 毛祖法，陆德彪，刘新，等 . 中华人民共和国国家标准 . 地理标志产品龙井茶 [S]. GB/T18650—2008.

[50] 杨天炯，杨显良，闵国玉，等 . 中华人民共和国国家标准 . 地理标志产品蒙山茶 [S]. GB/T18665—2008.

[51] 翁昆，文亮，沈云鹤，等 . 中华人民共和国国家标准 . 黄茶 [S]. GB/T21726—2018.

[52] 肖力争，翁昆，刘仲华，等 . 中华人民共和国国家标准 . 黑茶第 2 部分：花卷茶 [S].

GB/T32719.2—2016.

[53] 肖力争，刘仲华，翁昆，等．中华人民共和国国家标准．黑茶第 3 部分：湘尖茶 [S].
GB/T32719.3—2016.

[54] 王登良，翁昆，覃柱材，等．中华人民共和国国家标准．黑茶第 4 部分：六堡茶 [S].
GB/T32719.4—2016.

[55] 刘雪慧，肖力争，刘仲华，等．中华人民共和国国家标准．黑茶第 5 部分：茯茶 [S].
GB/T32719.5—2016.

[56] 翁昆，杨秀芳，王庆，等．中华人民共和国国家标准．紧压茶第 4 部分：茯砖茶 [S].
GB/T9833.3—2013.

[57] 蔡新，张理珉，杨善禧，等．中华人民共和国国家标准．国家地理标志产品普洱茶 [S].
GB/T22111—2008.

# 后 记

阳春三月，最好吃茶去。

阳春时节，万物复苏，新叶萌发。

在本书即将付梓之际，回顾撰写过程中的点点滴滴，思来想去，有那么几点是要在后记中再次强调说明的。

一是关于参考资料的搜集与运用。作为一部面向青少年的普及性茶知识读物，本书以六大茶类为代表的茶知识、茶冲泡技艺和茶历史、典故等茶文化的基本知识和观点，应该说均来自古今劳动人民的智慧和创造。我们正是在众多茶人的智慧熏陶下，于茶文化的博大精深中汲取营养，方有所成。对所参考资料的来源，在参考文献中尽可能地做了说明。虽竭尽全力一一列举，但以中华茶文化之浩瀚无边，茶书籍之包罗万象，亦难免会有所遗漏，敬请谅解并请及时与我们联系，以期甄改补订。另外部分二维码影音资料引用各大视频网站优秀茶文化纪录片片段，本已线上开放观看，实属给阿拉小茶人提供万千茶视频中之代表性的参考。

二是行文的风格。本书之所以选择当下这样一种亲切、轻松的风格，是与年轻受众群体分不开的。一方面，本书要符合小学高年级至高中阶段（含中职）茶文化通识教育用书的需要；另一方面，我们希望阅读学习群体扩大到有更多热爱茶文化的祖国未来的花朵加入其中。因此，文本在教材之外，便有了茶文化普及读物的风格。在考虑教学需要的文本元素之外，亦考虑了读者阅读的深入浅出，语言表达通俗易懂。我们几易其稿，将行文风格竭尽全力地做到生动活泼，但涉及茶叶加工、茶器鉴赏等较为深奥的知识时，还是感觉将全面而复杂的知识"亲民"化是一个巨大的挑战，有待继续探索前行。

三是茶文化内涵的挖掘。著名茶文化学者王旭烽老师归纳出茶文化金字塔型模式——以茶习俗为文化地基，以茶制度为文化框架，以茶美学为文化呈现，以茶哲识为文化灵魂的茶文化知识体系。经过这几年的习茶和茶艺教学实践反思证明，我们在青少年茶文化教育中，在巩固茶知识和习俗等茶文化地基上面倾注大量心血，小有所成之后，应该多往茶制度、茶美学和茶哲识方向进行深入的思考和总结，怎么样以茶为媒，让中国茶德精神滋养青少年成长。本书的问世仅仅只是一个有益的尝试，以六大茶类知识、茶冲泡技艺和茶历史、典故等茶文化的基本知识引领青少年朋友进入茶的世界，所以内容选择上尽量浅显，需要在未来进一步深入挖掘和提升。

　　四是表达感谢。本书的诞生依托徐春燕省名师工作室，自 2014 年起，组建了热爱茶的"茶小白"团队，开始系统习茶和参与学校茶艺教学和技能辅导，历经 5 年的探索，从"茶小白"一步步成长为茶艺技师和高级评茶员，师生多次在中华茶奥会及省市级各类茶艺比赛中获得优异成绩，积累了丰富的茶艺教学和技能辅导经验。《阿拉吃茶去》的诞生，既是团队多年来习茶历程的成果汇报，更是团队探索未来青少年茶文化教育的敲门砖及研习方向。在此感谢一路以来给予大力支持的宁波东钱湖旅游学校，感谢一直以来帮助团队成长的茶文化界老师以及旅游教研组同事们，感谢浙江大学茶学系教授王岳飞在百忙之中抽空为本书做了精彩的"开场白"，感谢"童一家"茶艺教学团队陈瑛和毛丽丽老师、中茶院赵玉香老师、杭州素业茶院陈燚芳老师、宁波"寻茶坊"江秀皖老师、天德茶社潘君耀老师等资深茶人为我们提供的帮助和鼓励，在此一并谢过。

　　最后，本书是面向青少年的茶文化读本，为丰富内容采用了较多的图片和二维码。其中一部分图片、茶故事录音和基础茶艺流程等是参编团队自行拍摄和录制，另外一部分图片和视频参考互联网上资料，遗憾的是，我们无法获知作者和联系方式，烦请图片和视频的作者，看到此书后，与出版社联系，联系电话 0571-88904980。

　　阳春三月，最好吃茶去。愿本书能成为青少年朋友开启探索中华茶文化的一把钥匙，习茶路上的良师益友。

徐春燕

2020 年 3 月